高职高专建筑类专业"十二五"规划教材

建筑装饰工程监理

主　编　叶　琳

副主编　杨建国　许丛蓉

主　审　高　红

西安电子科技大学出版社

内 容 简 介

　　本书讲述工程建设项目监理基本理论知识，内容包括监理理论概述，工程进度、投资、质量、安全、文明施工控制，合同、信息管理，组织协调及监理文件等，详细阐述了五控制的基本内容。

　　本书按照新的法规、标准规范的有关要求编写，内容新颖、实用，可操作性强。本书可作为高职高专建筑类专业的教材，也可供建筑设计、施工和监理人员阅读参考。

图书在版编目(CIP)数据

建筑装饰工程监理/叶琳主编. —西安：西安电子科技大学出版社，2013.5
高职高专建筑类专业"十二五"规划教材
ISBN 978-7-5606-3042-7

Ⅰ. ① 建… 　Ⅱ. ① 叶… 　Ⅲ. ① 建筑装饰—建筑工程—施工监理—高等职业教育—教材
Ⅳ. ① TU712

中国版本图书馆 CIP 数据核字(2013)第 065043 号

策　　划　陈婷
责任编辑　陈婷　师彬
出版发行　西安电子科技大学出版社(西安市太白南路 2 号)
电　　话　(029)88242885　88201467　　　邮　　编　710071
网　　址　www.xduph.com　　　　　　电子邮箱　xdupfxb001@163.com
经　　销　新华书店
印刷单位　陕西天意印务有限责任公司
版　　次　2013 年 5 月第 1 版　　2013 年 5 月第 1 次印刷
开　　本　787 毫米×1092 毫米　1/16　印　张　10
字　　数　227 千字
印　　数　1～3000 册
定　　价　18.00 元

ISBN 978-7-5606-3042-7/TU

XDUP 3334001-1

如有印装问题可调换

前　言

自 1998 年开始，我国在工程建设领域开始实行工程建设监理制度，这是我国工程建设领域管理体制的重大改革。十多年来，工程建设监理制度已发挥了重要作用。

建设工程监理的主要内容包括：协调建设单位进行工程项目可行性研究与投资决策，优选设计方案、设计单位和施工单位，审查设计文件，控制工程质量、造价和工期，监督管理建设工程合同的履行以及协调建设单位与工程建设各方的工作关系等。当前我国工程建设监理资质的从业范围主要限于项目实施阶段，即施工与保修。

随着国家监理制度的逐步完善及建筑的装饰装修日益繁荣，建筑装饰工程的设计、施工、监理也得到了重视和发展，精通建筑装饰监理的综合型人才需求量大增。

本书按照建筑装饰技术发展的要求，依照现行的相关规范和标准，抓住建筑装饰装修工程监理工作的特点，重点阐述了装饰装修工程中的质量控制和《建筑装饰装修工程质量验收规范》(GB 50210—2001)划分的 10 个分项工程，即地面工程、抹灰工程、门窗工程、吊顶工程、轻质隔墙工程、饰面板(砖)工程、幕墙工程、涂饰工程、裱糊与软包工程和细部工程；主要从原材料、半成品、成品的质量控制，施工工艺要求，监理巡视与旁站，监理试验与见证，工程验收这五个方面对建筑装饰装修工程监理工作进行了详细阐述；同时也系统地、有针对性地介绍了监理工程的"五控制两管理一协调"。

本书浅显易懂，文表并茂，具有很强的实用性。

本书由安徽水利水电职业技术学院、上海尧舜建筑设计公司安徽分公司等单位富有建筑装饰监理工作经验的同志编写，由叶琳主编，杨建国、许丛蓉担任副主编。其中，第一章、第四章、第五章由叶琳编写，第二章、第三章由许丛蓉编写，第六章、第八章、第九章由高红编写，第七章、第十章由杨建国编写。

本书由安徽水利水电职业技术学院建筑工程系高红主审，她对本书进行了精心审阅，并提出了许多宝贵的修改意见，在此表示真诚的谢意。

在编写过程中，同时得到了设计、施工、监理单位有关同志的大力协助，并参阅了一些书籍和资料，在此向相关人员一并表示诚挚的谢意。

由于建筑装饰装修工程的监理工作牵涉面广，加上编写时间仓促，书中难免有不妥之处，恳请广大读者不吝赐教，编者将万分感激。

编　者
2013 年 1 月

目　　录

第一章 建设工程监理的基本知识

【**学习目标**】 掌握建设工程监理的基本概念、性质，工程监理企业设立条件、资质要素和管理规定以及经营活动的基本准则；明确监理费的构成和计算方法以及监理人员的概念和素质要求；了解我国实施监理的基本条件和必要性以及建立和实施建设监理制的意义。

近几十年来，我国的工程建设活动基本上由建设单位自己组织进行。建设单位不仅负责组织设计、施工、申请材料设备，还直接承担了工程建设的监督和管理职能。这种由建设单位自行管理项目的方式，使得一批批的筹建人员刚刚熟悉项目管理业务，就随着工程竣工而转入生产或使用单位；而另一批工程的筹建人员又要从头学起。如此周而复始在低水平上重复，严重阻碍了我国工程建设水平的提高，也暴露出许多缺陷，如投资规模难控，工期、质量难保，浪费现象比较普遍等。在投资主体多元化并全面开放建设市场的新形势下，这种方式已不再适应了。另外，为了开拓国际建设市场，进入国际经济大循环，也需要参照国际惯例实行建设监理制度，以便使我国的建设体制与国际建设市场衔接。

实行建设监理制度是我国建设领域的一项重大改革，是我国对外开放、国际交往日益扩大的结果。通过实行建设监理制度，我国建设工程的管理体制开始向社会化、专业化、规范化的先进管理模式转变。这种管理模式在项目法人与承包商之间引入了建设监理单位作为中介服务的第三方，进而在项目法人与承包商、项目法人与监理单位之间形成了以经济合同为纽带，以提高工程质量和建设水平为目的的相互制约、相互协作、相互促进的一种新的建设项目管理运行机制。这种机制为提高建设工程的质量、节约建筑工程的投资、缩短建筑工程的工期创造了有利条件。

1.1 建设工程监理的产生与发展

1.1.1 建设工程监理的产生

监理制度的起源，可以追溯到工业革命以前的 16 世纪。它的产生、演进与商品经济的发展、建设领域的专业化分工以及社会化生产相伴随。但工程咨询监理业发展成为一个独立的行业，还是始于 19 世纪下半叶。19 世纪初，英国为了维护市场各方经济利益并加快工程进度，明确业主、设计者和施工者之间的责任界限，以立法的形式要求每个建设项目由一个承包商进行总承包。总承包制的实行，导致了招标投标交易方式的出现，也极大地促进了工程咨询监理制度的发展。1818 年英国成立了第一个土木工程师协会，1852 年美国成立了土木工程师协会，1904年丹麦成立了国家咨询工程师协会，特别是1907年美国通过了第一个许可工程师作为专门职业的注册法，这些都表明工程咨询作为一个行业已经形成并进入规范化的发展阶段。

1.1.2 我国建设工程监理制度的发展历程

随着商品经济的发展和基本建设投资体制、设计与施工管理体制的改革，迫切需要建立起一套能够有效控制投资，严格实施国家建设计划和工程合同的新格局，以抑制和避免建设工作的随意性。建立具有中国特色的建设监理制度，就是为适应这种新格局而提出的。

1. 试点阶段(1988—1993年)

1988年城乡建设环境保护部印发《关于开展建设监理工作的通知》([1988]城建字第142号)，其中明确指出：建设部将负责实施一项新的重大改革，参照国际惯例，建立具有中国特色的建设监理制度，以提高投资效益和建设水平，确保国家建设计划和工程合同的实施，逐步建立起建设领域社会主义商品经济的新秩序。

1988年10月11日至13日，原建设部在上海召开第二次全国建设监理工作会议，经讨论后确定了作为试点的8市2部，即将北京、天津、上海、哈尔滨、沈阳、南京、宁波、深圳市和原能源部的水电系统、原交通部的公路系统作为监理试点。

我国最早开展的监理工程是1986年利用世界银行贷款开工的西安至三原高速公路，其质量、工期得到完全保证的同时，节约投资200多万元。随后的京津塘高速公路和天津港东突堤工程，都因监理工作的实施，取得了良好的经济效益和社会效益。

2. 稳步推进实施阶段(1994—1996年)

(1) 健全监理法规和行政管理制度。1994年底，全国已有29个省、自治区、直辖市和国务院所属的36个工业交通原材料等部门在推行监理制度。全国推行监理制度的地级以上城市153个，占全国196个地级城市的78%。全国大中型水电工程、大部分国道和高等级公路工程都实行了工程监理，建筑市场初步形成了由业主、监理和承建三方组成的三元主体结构。1996年，国内多数地区都有了自己的工程监理规章，全国开展监理工作的地级市达到238个，占全国269个地级市的88.5%，地级城市已经普遍推行建设监理制。

(2) 监理队伍的规模稳步发展。1993年，全国注册的监理单位达886家，从业者约4.2万人，截至1996年年底，全国共有工程建设监理单位2100多家，其中具有中级及其以上技术职称的人员有7.54万余人。全国约4.3万人参加了原建设部指定院校的监理培训，取得国家认可资格的监理工程师的人数达2963人，经过注册的监理工程师也有1865人。

3. 逐步推广完善、规范化、科学化、制度化阶段(1997年至今)

1997年度我国工程建设的总投资额为2.46万亿元，实行监理制度的项目投资超过1.02万亿元，实施监理制度的项目覆盖面达41.5%。北京、黑龙江、山西、河北、湖北、广东、海南、山东等8省市和水电、水利、石化、煤炭、铁道、交通、电子等7个部门规定，新开工的相应规模工程项目要全部实行监理制度。

从1992年2月1日施行《工程建设监理单位资质管理试行办法》开始，到2008年5月，中华人民共和国住房和城乡建设部、国家工商行政管理局联合发布《建设工程监理合同示范文本(征求意见稿)》，政府及相关部门也相继出台了许多与建设工程监理关系密切的法律、法规、规章、规范。如《建筑法》、《建设工程质量管理条例》、《工程监理企业资质管理规定》、《建设工程监理规范》和《房屋建筑工程旁站监理管理办法(试行)》等法律、法规、制度的制定和完善，规范了我国建设工程的监理市场，进一步明确了监理人员的权利和义务。

1.2 监理的基本概念

1.2.1 建设工程监理的概念

工程建设监理是指具有法人资格的监理单位受建设单位的委托，依据有关工程建设的法律、法规、项目批准文件、监理合同及其他工程建设合同，对工程建设实施的投资、工程质量和建设工期进行控制的监督管理。

《建筑法》第三十一条规定："实行监理的建筑工程，由建设单位委托具有相应资质条件的工程监理单位监理。建设单位与其委托的工程监理单位应当订立书面委托监理合同。"

根据 2000 年 1 月国务院发布的《建设工程质量管理条例》和 2001 年 1 月建设部颁布的《建设工程监理范围和规模标准规定》，以下建设工程必须实行监理：国家重点建设工程；总投资额在 3000 万元以上的大中型公用事业工程；建筑面积在 5 万平方米以上的或成片开发建设的住宅小区工程；高层住宅及地基、结构复杂的多层住宅；利用外国政府或者国际组织贷款、援助资金的工程；总投资额在 3000 万元以上关系社会公共利益、公众安全的基础设施项目；学校、影剧院、体育场馆项目。

建设工程监理适用于工程建设投资决策阶段和实施阶段，其工作的主要内容包括：协助建设单位进行工程项目可行性研究，优选设计方案、设计单位和施工单位，审查设计文件，控制工程质量、投资和工期，监督、管理建设工程合同的履行，以及协助建设单位与工程建设有关各方的工作关系等。

1.2.2 建设工程监理的性质

1. 服务性

建设工程监理是工程监理企业接受项目建设单位的委托开展的技术服务活动。服务对象是建设单位，监理人员利用自己的知识、技能和经验、信息以及必要的试验、检测手段按照委托监理合同的规定，为建设单位提供管理和技术服务。监理服务是受法律约束和保护的。

2. 科学性

建设工程监理为建设单位提供一种高智能的技术服务。工程监理企业应当由组织管理能力强、工程建设经验丰富的人员担任领导；应当有足够数量的、由具有丰富管理经验和应变能力的监理工程师组成的骨干队伍；要有一套健全的管理制度；要有现代化的管理手段；要掌握先进的管理理论、方法和手段；要积累足够的技术、经济资料和数据；

要有科学的工作态度和严谨的工作作风，要实事求是、创造性地开展工作。科学性是服务性的保证。

3. 独立性

独立性是建设工程监理的一项国际惯例。监理公司在开展工程监理的过程中，必须建立自己的组织，按照自己的工作计划、程序、流程、方法、手段，根据自己的判断，独立地开展工作。我国《建筑法》第三十四条规定："工程监理单位与被监理工程的承包单位以及建筑材料、建筑构配件和设备供应单位不得有隶属关系或者其他利害关系。"2001 年 5 月施行的《建设工程监理规范》中规定："监理单位应公正、独立、自主地开展监理工作，维护建设单位和承包单位的合法权益。"

4. 公正性

监理工程师在处理双方发生利益冲突或者矛盾时，应以事实为依据，以法律和有关合同为准绳，站在第三方立场上公正地加以解决和处理，做到"公正地证明、决定或行使自己的处理权"。

公正性作为监理工程师应严格遵守的职业道德之一，是工程监理企业得以长期生存、发展的必然要求，也是监理活动正常和顺利开展的基本条件。

为了保证工程建设监理的公正性，必然以独立性为前提。

1.2.3　建设工程监理的工作内容

建设工程监理的任务就是控制工程项目目标，力求使得工程项目能够在计划投资、进度和质量项目目标内完成。工程监理的主要工作内容可概括为：五控制、二管理、一协调。

1. 五控制

五控制即投资控制、进度控制、质量控制、安全控制和文明施工控制。具体如下：

(1) 建设工程项目投资控制就是在建设工程项目的投资决策阶段、设计阶段、施工阶段以及竣工阶段，把建设工程投资控制在批准的投资限额内，随时纠正发生的偏差，以保证项目投资管理目标的实现，力求在建设工程中合理使用人力、物力、财力，取得较好的投资效益和社会效益。

(2) 建设工程项目进度控制是指对工程项目建设各阶段的工作内容、工作程序、持续时间和衔接关系，根据进度总目标及资源优化配置的原则，编制计划并付诸实施，然后在进度计划的实施过程中经常检查实际进度是否按计划进行，对出现的偏差情况进行分析，采取有效的补救措施，修改原计划后再付诸实施，如此循环，直到建设工程项目竣工验收交付使用。建设工程仅需控制的最终目标是确保建设项目按预定时间交付使用或提前交付使用。

(3) 建设工程项目质量控制是指工程满足建设单位需要的，符合国家法律、法规、技术规范标准、设计文件及合同规定的特性综合。建设工程作为一种特殊的产品，除具有一般产品共有的质量特性，如适用性、寿命、可靠性、安全性、经济性等满足社会需要的使用价值和属性外，还具有特定的内涵。建设工程质量的特性主要表现在适用性、耐久性、安全性、可靠性、经济性和与环境的协调性。

(4) 施工现场安全控制包括两层含义：一是指工程建筑物本身的安全，即工程建筑物的质量是否达到了合同的要求；二是施工过程中人员的安全，特别是与工程项目建设有关各方在施工现场施工人员的生命安全。

(5) 文明施工控制是指保持施工场地整洁、卫生，施工组织科学，施工程序合理的一种施工活动。

2. 二管理

二管理即合同管理和信息管理。

(1) 合同管理。合同是工程监理中最重要的法律文件。订立合同是为了规定一方向另一方提供货品或者劳务，合同是订立双方责、权、利的证明文件。施工合同的管理是项目监理机构的一项重要工作，整个工程项目的监理工作即可视为施工合同管理的全过程。

(2) 信息管理。信息管理是在工程项目监理的全过程中，为实现建设工程项目总目标，及时、准确、完整地收集、存储、分析、处理大量的信息，并将其作为建设工程项目的监理机构及监理工程师在规划、决策、检查及调整时的依据。

3. 一协调

工程项目建设是一项复杂的系统工程，在系统中活跃着建设单位、承包单位、勘察设计单位、监理单位、政府行政主管部门以及与工程建设有关的其他单位。组织与协调就是围绕实现项目的各项目标，以合同管理为基础，组织协调各参建单位、相邻单位、政府部门全力配合项目的实施，以形成高效的建设团队，共同努力去实现工程建设目标的过程。

1.3 监理单位与监理工程师

1.3.1 工程监理企业

工程监理企业是指取得工程监理企业资质证书并从事建设工程监理工作的经济组织，是监理工程师的执业机构，公司制监理企业具有法人资格。

工程监理企业按照组织形式分为公司制企业、合伙工程监理企业、个人独资工程监理企业、中外合资工程监理企业和中外合作经营工程监理企业。

1.3.2 工程监理企业资质

根据 2006 年中华人民共和国建设部令第 158 号《工程监理企业资质管理规定》，工程监理企业资质分为综合资质、专业资质和事务所资质。其中，专业资质按照工程性质和技术特点划分为若干工程类别，综合资质、事务所资质不分级别。专业资质可分为甲级和乙级两个级别，其中，房屋建筑、水利水电、公路和市政公用专业资质可设立丙级。

1. 工程监理企业的综合资质等级标准

(1) 具有独立法人资格且注册资本不少于 600 万元。

(2) 企业技术负责人应为注册监理工程师，并具有 15 年以上从事工程建设工作的经历或者具有工程类高级职称。

(3) 有 5 个以上工程类别的专业甲级工程监理资质。

(4) 注册监理工程师不少于 60 人，注册造价工程师不少于 5 人，一级注册建造师、一级注册建筑师、一级注册结构工程师或者其他勘察设计注册工程师合计不少于 15 人。

(5) 企业具有完善的组织结构和质量管理体系，有健全的技术、档案等管理制度。

(6) 企业具有必要的工程试验检测设备。

(7) 申请工程监理资质之日前一年内没有本规定第十六条禁止的行为。

(8) 申请工程监理资质之日前一年内没有因本企业监理责任造成重大质量事故。

(9) 申请工程监理资质之日前一年内没有因本企业监理责任发生三级以上工程建设重大安全事故或者发生两起以上四级工程建设安全事故。

2. 工程监理企业资质相应许可的业务范围

(1) 综合资质：可以承担所有专业工程类别建设工程项目的工程监理业务。

(2) 专业资质，甲级、乙级、丙级事务所资质。甲级工程监理企业可以监理经核定的工程类别中的一、二、三等级工程；乙级工程监理企业可以监理经核定的工程类别中二、三等级工程；丙级工程监理企业可以监理经核定的工程类别中的三等级工程。表 1-1 为房屋建筑工程专业工程类别和等级表。

表 1-1　房屋建筑工程专业工程类别和等级表

工程类别	一级	二级	三级
一般公共建筑	28 层以上；36 m 跨度以上(轻钢结构除外)；单项工程建筑面积 30000 m² 以上	14～28 层；24～36 m 跨度(轻钢结构除外)；单项工程建筑面积 10000～30000 m²	14 层以下；24 m 跨度以下(轻钢结构除外)；单项工程建筑面积 10000 m² 以下
高耸构筑工程	高度 120 m 以上	高度 70～120 m	高度 70 m 以下
住宅工程	小区建筑面积 120000 m²以上；单项工程 28 层以上	建筑面积 60000～120000 m²；单项工程 14～28 层	建筑面积 60000 m² 以下；单项工程 14 层以下

注：(1) 表中的"以上"含本数，"以下"不含本数。

(2) 房屋建筑工程包括结合城市建设与民用建筑修建的附建人防工程。

1.3.3　工程监理企业经营活动的基本准则

工程监理企业从事建设工程监理活动时，应当遵循"守法、诚信、公正、科学"的基本执业准则。

1. 守法

要求企业遵守国家的法律法规方面的各项规定，即依法经营，具体表现为：工程监理企业只能在核定业务范围内开展经营活动，合法使用《资质等级证书》，依法履行监理合同，依法接受监督管理，遵守国家的法律法规。

2. 诚信

诚信即诚实守信用，是工程监理企业的一种无形资产，良好的信用能为企业带来巨大的经济和社会效益。工程监理企业应当建立健全企业的信用管理制度，内容包括：建立健全合同管理制度，严格履行监理合同；建立健全与业主的合同制度，及时进行信息沟通，增强相互间的信任感；建立健全监理服务需求调查制度，也只有这样才能使企业避免选择项目不当而造成自身信用风险；建立企业内部信用管理制度，及时检查和评估企业信用的实施情况，不断提高企业信用管理水平。

3. 公正

要有良好的职业道德，坚持实事求是，熟悉有关建设工程合同管理条款，提高专业技术能力，提高综合分析和判断问题的能力。既要维护建设单位的利益，又不能损害施工承包单位的合法利益。

4. 科学

科学是指工程监理企业必须依据科学的方案，运用科学的手段，采取科学的方法开展监理工作。企业只有不断提高自身的科学化水平，才能为建设单位提供专业化、科学化的服务，才能在市场竞争中发展壮大，也才符合建设工程监理事业发展的需要。

1.3.4　监理费的构成和常用的收费方法

国家规定，工程监理费是工程概预算的一个组成部分，应从工程概算中单独列支。

1. 监理费的构成

监理费由成本、缴纳的税金和合理的利润构成。

(1) 成本。直接成本包括工资、奖金、差旅、补助、书报、医疗、办公设备、检测仪器等；间接成本包括管理后勤行政人员工资、奖金，广告、宣传、投标、公证、垫支利息等。

(2) 缴纳的税金。税金包括营业税和所得税。

(3) 合理的利润。利润应高于社会平均利润。

2. 常用的收费方法

常用的收费方法包括：按建设工程投资的百分数收费；按工资加一定比例的其他费用收费；按时间收费；按固定价格收费。

1.3.5　监理工程师

监理工程师是指经全国统一考试合格，取得《监理工程师资格证书》并经注册登记的工程建设监理人员。监理工程师是岗位职务而不是技术职称。监理工程师有总监理工程师、总监理工程师代表和专业监理工程师。监理工程师是代表业主监控工程质量，是业主和承包商之间的桥梁。监理工程师不仅要懂得工程技术知识和成本核算，还需要其了解建筑法规。总监理工程师指由监理单位法定代表人书面授权，全面负责委托监理合同的履行，主持项目监理机构的监理工程师。

1.3.6　监理员

监理员是经过监理业务培训，具有同类工程相关专业知识，从事具体监理工作的监理人员。

监理员应履行以下职责：

(1) 在专业监理工程师的指导下开展现场监理工作；

(2) 检查承包单位投入工程项目的人力、材料、主要设备及其使用、运行状况，并做好检查记录；

(3) 复核或从施工现场直接获取工程计量的有关数据并签署原始凭证；

(4) 按设计图及有关标准，对承包单位的工艺过程或施工工序进行检查和记录，对加工制作及工序施工质量检查结果进行记录；

(5) 担任旁站工作，发现问题及时指出并向专业监理工程师报告；

(6) 做好监理日记和有关的监理记录。

1.4　建筑装饰装修工程监理

1.4.1　装饰装修工程的内容

《中国土木建筑百科辞典》对建筑装饰装修的定义为：在建筑物主体工程完成之后，为满足建筑物的功能要求和造型艺术效果而对建筑物进行的施工处理，它具有保护主体结构、美化装饰和改善室内工作条件等作用。

建筑装饰装修工程大致包括 10 个分项工程，即地面工程、抹灰工程、门窗工程、吊顶工程、轻质隔墙工程、饰面板(砖)工程、幕墙工程、涂饰工程、裱糊与软包工程和细部工程。对室外而言，建筑的外墙面、入口、台阶、门窗(含橱窗)、檐口、雨篷、屋顶、柱及各种小品、地面等都须进行装修；对室内而言，顶棚、内墙面、隔墙和各种隔断、梁、柱、门窗、地面、楼梯以及与这些部位有关的灯具和其他小型设备都在装饰装修施工的范围之内。

1.4.2　建筑装饰装修工程应用的相关标准和规范

建筑装饰装修工程应用的相关标准和规范具体如下：

(1) 《建设工程监理规范》(GB 50319—2000)

(2) 《建筑工程施工质量验收统一标准》(GB 50300—2001)

(3) 《建筑装饰装修工程质量验收规范》(GB 50210—2001)

(4) 《住宅装饰装修工程施工规范》(GB 50327—2001)

(5) 《建筑地面工程施工质量验收规范》(GB 50209—2002)

(6) 《民用建筑工程室内环境污染控制规范》(GB 50325—2010)

(7) 《钢结构工程施工质量验收规范》(GB 50205—2001)

(8) 《玻璃幕墙工程技术规范》(JGJ 102—96)

(9) 《建筑设计防火规范》(GBJ 16—1987)

(10) 《建筑内部装修设计防火规范》(GB 50222—2001)

(11) 《高层民用建筑设计防火规范》(GB 50045—95)

(12) 《金属与石材幕墙工程技术规范》(JGJ 133—2001，J113—2001)

(13)　《玻璃幕墙工程质量检验标准》(JGJ7T 139—2001，J139—2001)

(14)　《木结构试验方法标准》(GB/T 50329—2002)；

(15)　《房屋建筑制图统一标准》(GB/T 50001—2001)；

(16)　《屋面工程质量验收规范》(GB 50207—2002)。

同时应用的还有其他建筑装饰装修工程及材料的相关规范、标准、文件等，此处不再一一列举。

第二章　建设工程项目投资控制

【学习目标】　掌握建筑装饰工程设计、施工阶段投资控制的常用方法和施工阶段工程计量的内容、程序；明确装饰工程建设投资控制的概念和工程建设资金使用计划的编制，以及工程变更、索赔价款的审核；了解建设工程项目各阶段对投资的影响。

2.1　投　资　构　成

1. 建设工程项目总投资

建设项目总投资是指投资主体为获取预期收益，在选定的建设项目上所投入的全部资金。建设项目总投资如图 2-1 所示。

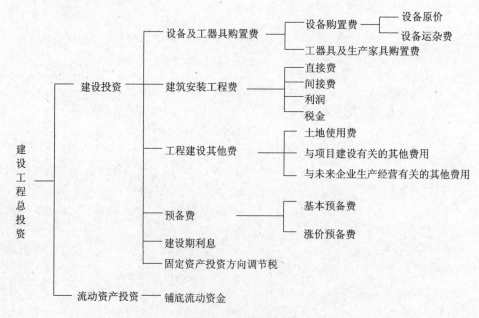

图 2-1　建设项目总投资

建设项目按用途可分为生产性建设项目和非生产性建设项目。

生产性建设项目总投资包括建设投资(含固定资产投资、无形资产投资、递延资产投资等)、建设期借款利息和流动资产投资三部分。非生产性建设项目总投资只有固定资产投资，不包括流动资产投资。

2. 建设工程项目投资控制

建设工程项目投资控制是在投资决策阶段、设计阶段、发包阶段、施工阶段以及竣工阶段，把建设工程投资控制在批准的投资限额以内，随时纠编，确保项目投资管理目标的实现，力求合理使用人力、物力、财力，以达到较好的投资效益和社会效益。

投资控制贯穿建设的全过程，但不同建设阶段对投资的影响程度是不同的。图 2-2 是国外描述不同建设阶段影响投资程度的坐标图，我国的情况与之大致吻合。

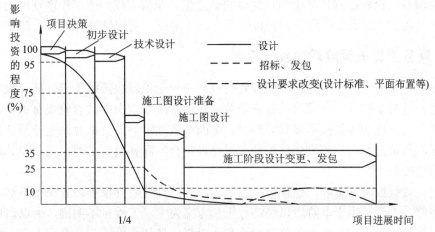

图 2-2　不同建设阶段影响投资程度坐标图

3. 监理公司在控制项目投资方面的主要业务

监理公司在控制项目投资方面主要有以下业务：

(1) 在建设前期阶段进行建设项目的可行性研究，对拟建项目进行财务评价和国民经济评价。

(2) 在设计阶段，提出设计要求，用技术经济方法组织评选设计方案，协助选择勘察、设计单位，商签勘察、设计合同并组织实施，审查设计、概预算。

(3) 在施工招标阶段，准备与发送招标文件、协助评审投标书、协助建设单位与承建单位签订承包合同。

(4) 在施工阶段，审查承建单位提出的施工组织设计、施工技术方案和施工进度计划，提出改进意见；督促检查承建单位严格执行工程承包合同，调解建设单位与承建单位之间的争议，检查工程进度和施工质量，验收分部分项工程，签署工程付款凭证，审查工程结算。

综上所述，项目的投资控制是建设监理的一项主要任务，它贯穿于工程建设的各个阶段及监理工作的各个环节，起到了对项目投资进行系统管理控制的作用，如图 2-3 所示。

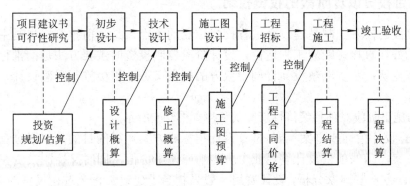

图 2-3　分阶段设置的投资控制目标

2.2　建设工程项目各阶段的投资控制

建设项目的投资控制贯穿于项目建设的全过程，即从立项到竣工投产使用为止，包括立项决策阶段、工程设计阶段、招投标阶段、施工阶段、工程结算阶段等关键环节。

2.2.1　项目投资决策阶段的投资控制

在投资决策过程中，一份可靠的投资估算，是一个项目决策的关键依据。投资估算的真实程度，直接影响到一个项目的投资效益。在该阶段要求全面认真收集有关资料，通过与类似工程的对比和各类技术参数的研究，全面细致地编制投资估算，充分预计各种不利因素对工程造价的影响，使投资估算最大限度地符合实际并留有必要空间，使其真正起到控制项目总投资的作用。

目前在可行性研究阶段，建设单位组织编制的可行性研究报告内容深度不够，投资估算比较粗略，主要是由于本阶段以经济分析和方案为主，工程量不明确，所以造成投资估算准确性较差。同时由于建设单位通常不具备投资估算和造价控制的专业人员，而且对工艺流程和方案缺乏认真研究，甚至有时建设单位为了所报项目能被批准，在做投资估算时有意低估，增加了投资估算的不准确性。

可行性研究的基本步骤如图 2-4 所示。

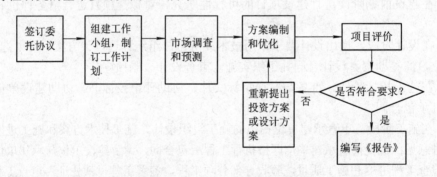

图 2-4　可行性研究的基本步骤

2.2.2　项目投资设计阶段的投资控制

设计阶段的投资控制是建设全过程投资控制的重点，是事前控制，也是主动控制。设计质量的好坏直接影响着工程造价，设计阶段控制投资的主要方法是：推行工程设计招标和方案竞赛；落实勘察设计合同中双方的权利义务；积极推行限额设计、标准设计的应用。

设计与施工阶段对项目经济性影响的程度如图 2-5 所示。

(1) 推行设计招标或方案竞赛。推行设计招标或方案竞赛的目的是想通过竞争的方式优选设计方案，确保项目设计满足业主所需功能使用价值，同时又控制投资在合理的额度内。根据西方一些国家分析，设计费用一般只相当于建设工程全过程投资的 1% 以下，而这小于 1% 的投资对工程造价的影响程度却占 75% 以上。大型建设项目设计发展，习惯上多采用设计方案竞赛的方式，不仅可以在较高的投资方案中优选适用、经济、美观、可靠与环境协调的设计方案，同时在设计周期的缩短、设计收费等方面都有优选的可能。

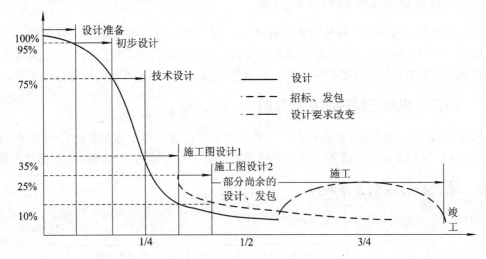

图 2-5 设计与施工阶段对项目经济性影响的程度

(2) 认真履行勘测设计合同。业主与勘测设计单位为完成一定的勘测设计任务商签的合同，若不能认真履行，必然带来工期、质量及经济上的损失，因此监理单位应监督双方认真履行合同。委托方或承包方违反合同规定时，应承担违约的责任。

(3) 切实推行限额设计，推广标准设计。限额设计是以项目可行性研究报告的批复所确定的建设规模、建设内容、建设标准为依据，在投资估算限额范围内进行工程设计，以提高投资的经济效益。采用限额设计是控制项目投资的有力措施，但提倡限额设计并不是单纯的追求降低造价，应该坚持科学，采用优化设计，使技术和经济紧密结合，通过技术比较、经济分析和效果评价，力求以最少的投入创造最大的效益。

标准设计是指根据共同的条件按照通用的原则编制，经过一定程序的批准，可供设计单位重复使用，既优质又经济的一套工程标准设计成果。工程标准设计一般指在一定范围内用通用的标准图、通用图和复用图(统称为标准图)。标准设计能较好地贯彻执行国家的技术经济政策，合理利用能源、资源、材料和设备，并能够缩短设计周期，加快施工进度。

2.2.3 项目投资招投标阶段的投资控制

招投标是在市场经济条件下，工程建设项目的发包与承包以及服务项目的采购与提供时所采取的一种交易方式。通常有公开招投标和邀请招投标两种形式，"议标"在建筑领域实践中也有采用。

2000 年施行的《中华人民共和国招标投标法》对规范招标投标行为，维护工程建设市场秩序，保护国家利益、社会公共利益和招标投标人的合法权益，以及提高工程质量、降低工程造价和提高投资效益具有重要意义。招标文件中的工程量清单编制、工程量清单项目划分、工程量的计算要准确，合同中专用条款的编写非常重要。投资控制者应在招标文件和合同条文中细致考虑一切影响投资的因素，尽可能避免疏漏和文字含混，避免因合同原因而受到索赔。

2.2.4　项目投资施工阶段的投资控制

施工阶段是工程投资具体使用到建筑物实体上的阶段，设备的购置、工程款的支付主要在此阶段，是投资控制的关键。这一阶段主要做好投资控制目标、资金使用计划的确定、工程进度款支付控制、工程变更控制、工程价款的动态结算、施工索赔处理等各项工作。

2.2.5　项目投资竣工阶段的投资控制

竣工阶段的造价控制是事后控制，主要是做好工程资料和工程结算造价的审核，做投资偏差分析，总结分析各阶段不在建设项目投资造价控制范围内的原因以及评价投资效益。

2.2.6　项目投资控制工作程序

项目投资控制工作程序如图 2-6 所示。

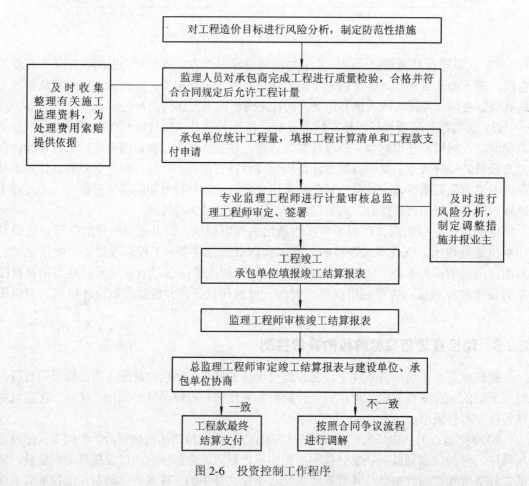

图 2-6　投资控制工作程序

2.3 施工阶段投资(结算)控制

2.3.1 施工阶段监理投资控制的主要业务工作

施工阶段监理投资控制的主要业务工作具体如下：

(1) 根据监理项目情况、监理机构人员组成，明确投资控制负责人及部分组织，明确控制投资目标。

(2) 编制项目资金使用计划，并控制执行。

(3) 按照投资分解，建立投资计划值与实际值的动态跟踪控制。

(4) 工程变更的审核及由此导致的投资增减量的复核。

(5) 已完实物工程量的量测、审核确认，签认相应工程价款支付凭证。

(6) 合同外实际发生的工程费用的审核、签认。

(7) 施工索赔的处理及可能的反索赔。

(8) 协调处理业主与承包方合同执行过程中的纠纷等。

(9) 挖掘设计、施工、材料设备等方面可能节约投资的潜力。

(10) 审核工程结算。

(11) 定期向业主报告投资的使用、完成、偏差及处理情况。督促业主及时提供工程资金等。

2.3.2 施工阶段监理投资控制的资金使用计划

监理按照经济规律，在保证不损害承包商合法权益的同时，以计划投资额为控制目标，努力节约投资。

1. 资金使用计划的编制类型

投资控制在具体操作上须将投资逐级分解到工程分项上才能具体控制，同时由于工程价款现行的支付方式主要是按工程实际进度支付，因此，除按工程分项分解外，还需要按照工程进度计划中工程分项进展的时间编制资金使用时间计划。

编制资金使用计划过程中最重要的步骤，就是项目投资目标的分解。其可以按三种方式分解：

(1) 按投资构成分解：主要分为建筑安装工程投资、设备工器具购置投资及工程建设其他投资。

(2) 按子项目分解：可分解为单项工程和单位工程，对建筑安装工程在施工阶段一般可分解到分部分项工程。

(3) 按时间进度分解：可利用控制项目进度的网络图进一步扩充而得，尽可能减少资金占用和利息支出。

2. 资金使用时间计划

在工程分项资金使用计划编制后，结合工程进度计划可以按单位工程或整个项目制定资金使用计划，保证工程进度按计划进行。

　　编制资金使用时间计划，通常可利用工程进度计划横道图或带时间坐标的网络计划图，并在相应的工程分项上注出单位时间平均资金消耗额，然后按时间累计可得到资金支出 S 形曲线。参照网络计划中最早开始时间(ES)、最迟必须开始时间(LS)可以得到两条投资资金计划作用时间 S 形曲线，如图 2-7 所示。

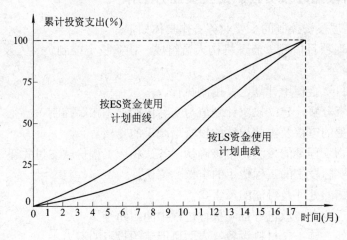

图 2-7　投资使用 S 形曲线

2.3.3　工程计量

1. 工程计量程序

　　按《建设工程施工合同(示范文本)》的通用条款约定，工程计量程序是：承包方按专用条款约定时间，向监理工程师提交已完工程量的报告，监理工程师接到报告后，七天内核实已完工程量(获质量验收合格的工程量)，并在计量前 24 小时通知承包方。承包方为工程计量提供方便条件并派人参加予以确认。若承包方接到通知后，不参加计量，工程计量结果有效，作为工程价款支付的依据；若监理工程师接到通知后七天内未进行计量，从第八天起，承包方报告中开列的工程量即视为已被确认，作为工程价款支付的依据。工程师不按约通知承包方，使承包人不能参加，计量结果无效。

2. 工程计量的依据与原则

　　工程计量是控制项目支出的关键环节、是约束承包商履行合同义务的手段。其主要依据有：

(1) 工程量清单及说明；

(2) 合同图纸；

(3) 工程变更令及修订的工程量清单；

(4) 合同条款；

(5) 技术规范；

(6) 有关计量的补充协议；

(7) 《索赔时间/金额审批表》。

3. 工程计量的项目和方法

监理工程师只对以下三方面的工程项目进行计量：

(1) 工程量清单中全部项目；

(2) 合同文件中规定的项目；

(3) 工程变更项目。

工程计量常用的方法如下：

(1) 均摊法：按合同工期平均计量。

(2) 凭据法：按承包商提供的凭据进行计量支付。

(3) 断面法：主要用于取土坑或筑堤土方的计量。

(4) 图纸法：按照设计图纸所示的尺寸进行计量。

(5) 分解计量法：将一个项目，根据工序或部位分解为若干子项，对完成的各子项进行计量支付。

2.3.4　建设工程投资结算

1. 我国现行建设工程价款的主要结算方式

(1) 按月结算：先预付工程备料款，在施工过程中按月结算工程进度款，竣工后进行竣工结算。这在我国使用最广泛。

(2) 竣工后一次结算：适用于建设期短或工程承包价值低的工程。

(3) 分段结算：当年开工，当年不能竣工的单项工程或单位工程按照工程形象进度，划分不同阶段进行结算。分段结算可以按月预支工程款。

(4) 双方议定的其他方式。

2. 按月结算

按月结算即按分部分项工程，以工程实际完成进度为对象，按月结算，待工程竣工后再办理竣工结算，其一般程序为：

1) 预付备料款

预付备料款是指施工企业承包工程储备主要材料、构件所需的流动资金。

按照我国有关规定，实行工程预付款的，双方应当在专用条款内约定发包方向承包方预付工程款的时间和数额，开工后按约定的时间和比例逐次扣回。预付时间应不迟于约定的开工日期前 7 天。

预付备料款的金额。包工包料工程的预付款按合同约定拨付，原则上预付比例不低于合同金额的 10%，不高于合同金额的 30%。在实际工作中，要根据各工程类型、合同工期、承包人和供应体制等不同条件而定。

工程预付款的扣回。预付备料款相当于发包方借给承包方的流动资金，到工程后期要陆续扣回，其方式为抵充工程价款。

(1) 备料款的扣回一般按未完成工程中的主要材料及构件的价值相当于备料款数额时起扣；从每次结算工程价款中按材料比重扣抵工程价款，竣工前全部扣清。基本表达公式为：

$$T = P - \frac{M}{N}$$

式中：T 为起扣点；M 为预付备料款限额；N 为主要材料所占比重；P 为承包工程价款总额。

(2) 建设部《招标文件范本》中规定，在承包人完成金额累计达到合同总价的 10% 后，由承包人开始向发包人还款，发包人从每次应付给承包人的金额中扣回工程预付款，发包人至少在合同规定的完工期前三个月将工程预付款的总计金额按逐次分摊的办法扣回。

备料款预付的比例，收回的方式、时间主要是业主与承包商在合同中事先约定的一种行为，不同的工程情况可视情况允许有一定的变动。

2) 中间结算

施工企业在工程建设过程中，按月完成的分部分项工程数量计算各项费用，向建设单位办理中间结算手续。即月中预支，月终(末)根据工程月报表和结算单并通过银行结算。

3) 竣工结算

工程按合同规定内容全部完工并交工之后，向发包单位进行最终工程价款结算。如果合同价款发生变化，则按规定对合同款进行调整。竣工结算工程价款的计算公式为：

竣工结算工程价款 = 预算(或概算或合同价款) + 施工过程中预算或合同价款调整数额
　　　　　　　　　 − 预付及已结算工程价款

【案例分析一】

某建筑安装工程价款总额为 600 万元，备料款按 25% 预付，主要材料比占总价款的 62.5%，工期 4 个月，计划各月的施工产值如下表，试求将如何按月结算价款？

月份	二	三	四	五
施工产值/万元	100	140	180	180

【解】

① 预付款：

$$M = 600 \times 25\% = 150 \text{万元}$$

② 起扣点：

$$T = P - \frac{M}{N} = 600 - \frac{150}{62.5\%} = 600 - 240 = 360 \text{万元}$$

③ 二月份完成产值 100 万元 < T，结算 100 万元。

④ 三月份完成产值 140 万元，工程累计完成 240 万元 < T，三月份结算 140 万元。

⑤ 四月份完成产值 180 万元，工程累计完成 420 万元 > T = 360 万元。

所以，T − 上月累计完成(240) = 120 万元，本月可结算，但本月实际完成 180 万元，尚余 60 万元应扣备料预付款，本月实际可结算工程款：

$$120 + 60 \times (1 - 62.5\%) = 120 + 22.5 = 142.5 \text{万元}$$

⑥ 五月份完成产值 180 万元，并已竣工，应结算 $180 \times (1 - 62.5\%) = 67.5$ 万元。

【案例分析二】

某建设项目，其建筑工程承包合同价格为 1000 万元。合同规定，预付备料款额度为 20%，竣工时应留 8%尾款做保证金。该工程主要材料及结构构件金额占工程款的 80%，各月完成工作量情况见下表。

月份	一	二	三	四	五	合同调整金额/万元
完成工作量金额/万元	150	150	200	300	200	80

(1) 计算该工程的预付备料款和起扣点？

(2) 计算按月结算该工程进度款。

(3) 该工程竣工结算总造价为多少？五月份应付尾款为多少？

【解】

(1) 预付备料款：

$$总额 \times 额度 = 1000 万 \times 20\% = 200 万元$$

起扣点：

$$T = P - \frac{M}{N} = 1000 - \frac{200}{80\%} = 1000 - 250 = 750 万元$$

(2) 一月份完成产值 150 万元 $< T$，结算 150 万元。

二月份完成产值 150 万元，工程累计完成 300 万元 $< T$，二月份结算 150 万元。

三月份完成产值 200 万元，工程累计完成 500 万元 $< T$，三月份结算 200 万元。

四月份完成产值 300 万元，工程累计完成 800 万元 $> T = 750$ 万元。

有 50 万元应扣备料预付款 $250 + 50 \times (1 - 80\%) = 260$ 万元

(3) 五月份完成产值 200 万元，并已竣工，

$$竣工结算总造价 = 预付款 + 按月结算工程累计 + 合同调整增加额$$
$$= 200 + (150 + 150 + 200 + 260 + 40) + 80$$
$$= 1080 万元$$

五月份应付尾款 = 竣工结算总造价 – (1～4 月已支付工程款累计金额) – 保留金

$$= 1080 - 760 - 1080 \times 8\% = 233.60 万元$$

2.3.5　工程变更价款审查

由于多方面的原因，工程施工中发生工程变更是难免的。但任何变更都会对工程造价、质量、工期及项目的功能要求带来或多或少的变化，总监应注意综合审核，加强工程变更程序管理，协助建设单位与承包单位签订工程变更的补充协议。特别是变更价款很大时要进行经济核算，从多方面通过分析论证决定。

严格审核变更价款，包括工程计量及价格审核，要坚持工程量属实、价格合理的原则。

2.3.6　工程费用索赔处理

工程费用索赔在工程中也是难免的，包括承包单位向业主的索赔和业主向承包单位的索赔。建设单位应按合同要求，履行职责，主动搞好设计、材料、设备、土建、安装及其

他外部协调与配合,不给施工单位造成索赔条件。建设单位可依据合同,对施工单位的工期延误、施工缺陷等提出反索赔。无论是哪方面的费用索赔处理,都应由总监对费用索赔进行审核,公正地与建设单位承包单位进行协商,并签署施工承包方提出的费用索赔审批表。对业主提出的索赔费用要及时作出答复。

费用索赔处理工作程序如图 2-8 所示。

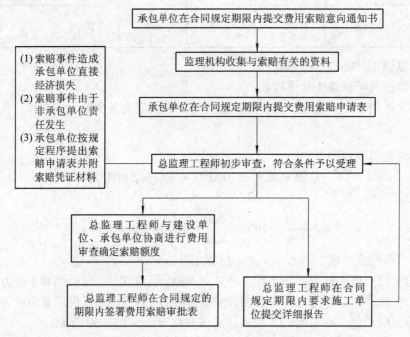

图 2-8　费用索赔处理工作程序

2.3.7　家庭装修工程的付款

由于家庭装修工程量相对于公共建筑装修工程量小,付款方式一般包括开工预付款、中期进度款、竣工尾款和维修保证金四个阶段。

业主在和装修公司签订了正式装修合同以后,预付给装修公司大约工程款的 10% 作为工程启动资金是较为合理的,这样才可以保证装修材料的及时到位,不影响工期的按时推进。

随着工程进度的推移,室内的基层工程量已经基本完成并验收后,可支付中期进度款。中期进度款一般应支付工程款的 30% 至 50% 为宜,因为饰面材料往往较基层材料价格相对高一点。工程基本完成再支付 10% 的工程款。工程竣工并将现场清理干净后,客户须保留工程总额的 5% 作为质量保证金,半年后支付,其余工程尾款在竣工验收完毕。

2.4　建设工程项目竣工决算

工程竣工后,项目监理机构应及时按施工合同的有关规定进行竣工结算,并应对竣工结算的价款总额与建设单位和承包单位进行协商。当无法协商一致时,可由双方提请监理机构进行合同争议调解,或是请仲裁机构进行仲裁。

2.4.1　项目监理机构竣工结算程序与依据

1. 竣工结算程序

竣工结算程序具体如下：

(1) 承包单位按施工合同规定填报竣工结算表；

(2) 专业监理工程师审核承包单位报送的竣工结算报表；

(3) 总监工程师审定竣工结算报表，与建设单位、承包单位协商一致后，签发竣工结算文件和最终的工程款支付证书上报建设单位。

2. 竣工结算的编制依据

编制竣工结算的依据如下：

(1) 经批准的可行性研究报告及投资估算；

(2) 经批准的初步设计或扩大初步设计及其概算或修正概算；

(3) 经批准的施工图设计及施工图预算；

(4) 设计交底或图纸会审纪要；

(5) 招投标的标底、承包合同、工程结算资料；

(6) 施工记录或施工签证单，以及其他施工中发生的费用记录；

(7) 竣工图及各种竣工验收资料；

(8) 历年基建资料、历年财务决算及批复文件；

(9) 设备、材料调价文件和调价记录；

(10) 有关财务核算制度、办法和其他有关资料、文件等。

2.4.2　建设工程项目投资偏差分析

引起投资偏差的原因主要有物价上涨、设计原因、业主原因、施工原因和客观原因。纠偏的主要对象是业主原因和设计原因造成的投资偏差。

1. 投资偏差

投资偏差即投资的实际值与计划值的差异，其计算公式为：

$$投资偏差 = 已完工程实际投资 - 已完工程计划投资$$

若结果为正，则表示投资超支；若结果为负，则表示投资未超支。

2. 偏差分析方法

偏差分析可采用不同的方法，常用的有横道图法、表格法和曲线法。

第三章　建设工程项目进度控制

【**学习目标**】　掌握工程建设项目实际进度与计划进度的比较方法(横道图、S 曲线、前锋线)和进度计划实施中的调整方法，以及施工阶段进度控制的工作内容；明确施工进度计划的调整方法及其相应措施，工程延期事件的处理程序和方法；了解工程建设进度控制的概念。

3.1　进度控制内容及影响因素

建设项目的进度控制，是建设监理工作的一项重要而复杂的任务，是监理工程师的中心任务之一。工期、质量、投资、安全、文明施工、控制目标是对立和统一的关系。在一般情况下，进度快就要增加投资，但工程如提前交付使用就可提高投资效益；进度快有可能影响质量；而质量控制严格，则有可能影响进度，但如因质量控制严格而不至返工，又会加快进度。监理工程师要全面的加以考虑，在好中求快、好中求省，使目标控制能做到恰到好处。

3.1.1　工程建设项目进度控制概念

建设工程项目进度控制是指对工程项目各建设阶段的工作内容、工作程序、工作持续时间和衔接关系编制计划，将该计划付诸实施，在实施过程中经常检查实际进度计划是否按计划要求进行，分析出现偏差的原因，采取措施或调整、修改原计划，直至工程竣工交付使用。

一个建设项目的建设全过程一般包括项目决策、项目设计、项目施工和项目验收四个大的阶段。建设监理按阶段划分成项目决策阶段监理、项目设计阶段监理、项目施工阶段监理和项目验收阶段监理，从而构成建设项目的全过程监理。目前我国的监理重点控制在项目施工验收的实施性阶段的监理(项目设计也属于实施性阶段)。施工阶段和验收阶段的进度控制其内容则极为丰富，其中包括建设工程招投标、施工总进度计划、单位工程进度计划，分部分项作业计划的编制、审查、协调等进度控制，并贯穿于项目的全部实施过程。

3.1.2　工程项目进度控制的主要内容与程序

1. 工程项目进度控制的主要内容

工程项目进度控制主要包括以下内容：

(1) 总控制进度计划。根据建设单位委托和签订的监理合同中规定的内容，全面掌握建设项目的规模大小、工程特征和复杂程度、具体实现条件和工程建设总目标、竣工投产要求，制定项目的总控制进度计划安排。

总控制进度计划安排，将各阶段合理分解，制定各联合体的指导性进度计划。

(2) 研究受监工程项目的总进度目标、进度条款、实施的手段和措施的科学合理性。

(3) 积极办理受监工程项目前期的各项准备工作，保证建设工程如期开工。

(4) 根据勘察设计和图纸设计的委托合同，与勘察、设计单位保持联系，确保勘察设计完成施工进度计划的要求。

(5) 认真审核施工单位的施工组织设计总进度计划表，突出重点相关工程，严格控制各工程进度，并配合施工单位，编制各单位工程详细的进度计划，依此编制年、季、月、旬施工计划和作业计划。在计划实施过程中，应抓住关键工程和关键项目计划进度的实施，若发现问题已影响到工程进度，则应及时调整计划，找出补救措施，保证总进度的完成。

(6) 根据建设项目工程的国拨、贷款、自筹、集资等不同资金渠道来源，及时提请建设资金到位，以保证工程建设的进度款和设备、材料货款等所需资金。

(7) 组织定期的施工协调会议。

(8) 做好单位工程的分部、分项检查验收工作。

2. 工程项目进度控制的程序

图 3-1 为工程项目进度控制的程序。

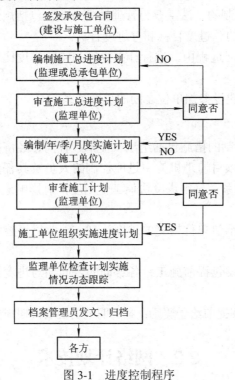

图 3-1　进度控制程序

3.1.3　影响工程建设项目进度控制的因素

控制进度不仅要考虑施工单位的施工速度，还要考虑各个阶段与各个部门之间的紧密配合和协作。建设单位和上级机构，设计、施工和供货单位，政府、建设主管部门、有关协作单位和社会，自然条件，监理单位本身等因素，都会影响进度控制。对影响进度控制的因素进行分析，有利于监理工程师事先采取有效措施，尽量缩小计划进度与实际进度的差距。

与进度有关的单位和部门很多，如与项目审批有关的政府部门、建设单位、勘察设计单位、施工单位、材料设备供应单位、资金贷款单位等等，只有对这些有关的单位都进行进度控制，才能有效地控制建设项目的进度。

主要的影响因素可归纳为：人为因素，材料设备因素，机械器具、资金、地基、环境因素、外界自然气候等，施工方案的选择和实施也是一个重要因素。例如：建设管理部门、监督机构拖延审批手续时间，设计者拖延设计进度、延误交图时间，承包单位事先对工程项目的规模和复杂程度了解不清，对物资供应的条件、市场变化趋势分析不够，水灾、火灾、风雨雪、急骤降温不可预见的恶劣气候等都将直接影响到进度的控制。

监理公司在工程项目实施过程中，按计划对建设活动进行全面控制，经常地、定期地进行检查和分析，一旦发现问题，及时积极主动采取针对性的控制措施，保证原定目标的实现。同时注意分清责任，正确处理不同原因下产生的索赔工作。

3.1.4　工程建设项目进度控制的方法与措施

1. 方法

工程建设项目进度控制的方法主要为管理技术方法，包括规划、控制、协调。

(1) 规划：确定项目的总进度目标和分进度目标。

(2) 控制：在项目进展过程中，进行计划进度与实际进度比较，发现偏差就及时采取措施进行纠正。

(3) 协调：协调项目建设参加单位之间的进度关系。

2. 措施

工程建设项目进度控制的措施包括组织、技术、合同、经济措施。

(1) 组织措施：落实项目监理机构中进度控制的人员及其任务和管理职责分工；进行项目分解，并建立编码体系；确定进度协调工作制度；对影响进度目标实现的干扰和风险因素进行分析。

(2) 技术措施：审查承包单位提交的进度计划；编制进度控制工作细则；采用网络计划技术等。

(3) 合同措施：分段发包提前施工；各合同的合同期与进度计划的协调；严格控制合同变更等。

(4) 经济措施：对工期提前给予奖励；对工期延误收取误期损失赔偿；加强索赔管理等。

3.2　网络计划技术

3.2.1　网络图

1. 单价号与双代号网络图

此图由节点和箭线组成，是表示工作流程的有向、有序的网状图形。其可分为双代号和单价号两种，如图 3-2 所示。

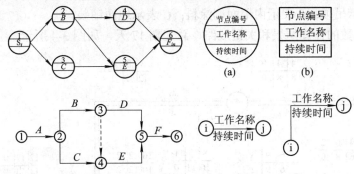

图 3-2　单价号与双代号网络图

2. 网络计划时间参数

网络计划中的时间参数如下：

(1) 工作持续时间：是指一项工作从开始到完成的时间。

(2) 工期：指完成一项任务所需的时间。一般有计算工期、要求工期、计划工期三种。

(3) 工作的 6 个时间参数：最早开始时间、最早完成时间、最迟开始时间、总时差、自由时差、最迟完工时间。

(4) 关键线路：指总持续时间最长的线路。网络计划中，最少有一条关键线路；在执行过程中关键线路会发生转移；在关键线路上可能有虚工作存在。

(5) 关键节点：指在双代号网络计划中关键线路上的所有节点。

(6) 关键工作：指网络计划中关键线路上的工作。

(7) 工期优化：是指网络计划的计算工期不满足要求工期时，不改变各项工作的逻辑关系，通过压缩关键工作的持续时间以满足要求工期目标的过程。

3.2.2　网络计划技术案例分析

【案例分析】某装饰工程有吊顶、内墙面刷涂料和地面铺装 3 项分部工程，划分为 3 个施工段，各分部工程在每一个施工段的施工持续时间分别为：吊顶 4d、内墙面刷涂料 2d、地面铺装 3d。

问题：(1) 绘制本工程的双代号网络计划图；

(2) 图算法进行时间参数计算，并标出关键线路。

【解】

(1) 本工程的双代号网络计划图如图 3-3 所示。

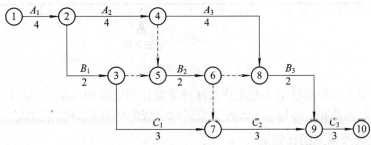

图 3-3　双代号网络计划图

其中 A 表示吊顶；B 表示内墙面刷涂料；C 表示地面铺装。

(2) 时间参数的计算结果和关键线路，总工期 17 天，如图 3-4 所示。

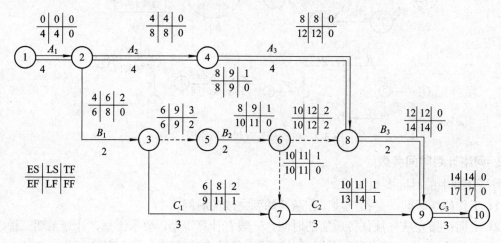

图 3-4　时间参数与关键线路

3.3　实际进度与计划进度的比较法

由于施工过程包含的施工作业工作多样、复杂，因而施工进度的图形表达方式有很多种，主要分为横道图法、垂直进度图法、S 形曲线图法、香蕉形曲线图法、网络图法、模型图法、列表检查法等。一般是根据施工的特点和检查要求来选择适当的方法。

3.3.1　横道图比较法

1. 匀速进展横道图比较法

在横道图进度计划上标出检查日期，再将实际进度经加工后的数据按比例用涂黑的粗线标于计划进度下方，最后根据涂黑粗线的右端点，与检查日期的位置判断实际进度是否超前、一致或拖后。匀速进展横道图比较法如图 3-5 所示。

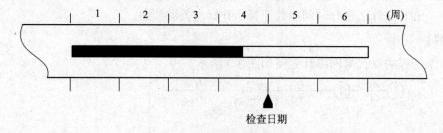

图 3-5　匀速进展横道图比较法

该方法适用于工程项目中某些工作实际进度与计划进度的局部比较，且工程项目中的各项工作均为匀速进展，即每项工作在单位时间完成的任务量均相等的情况。

2. 非匀速进展横道图比较法

用涂黑的粗线表示工作实际进度的同时，还要标出其对应时刻完成任务量的累计百分比,并将其与同时刻计划完成任务量的累计百分比相比较,判断实际进度与计划进度的关系。此时,横道线只表示工作的开始时间、完成时间和工作的持续时间,并不表示任务量。非匀速进展横道图比较法如图3-6所示。

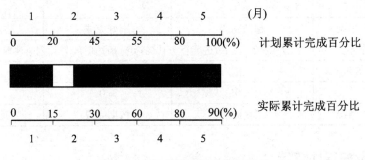

图3-6 非匀速进展横道图比较法

该方法适用于工程项目中某些工作实际进度与计划进度的局部比较,且工作在不同单位时间里的进展速度不相等的情况。它不仅可以进行某一时刻实际进度与计划进度的比较,还能进行某一时间段实际进度与计划进度的比较。

3.3.2 S形曲线比较法

以横坐标表示时间,纵坐标表示工程项目累计完成任务量,绘制一条工程项目按计划完成任务量的S形曲线,然后将工程项目实施过程中各检查时间实际累计完成任务量的S形曲线也绘制在同一坐标系中,进行工程项目实际进度与计划进度的比较,如图3-7所示,见表3-1。

该方法适用于在图上进行工程项目整体实际进度与计划进度的直观比较,但无法进行每项工作的实际进度与计划进度的局部比较。

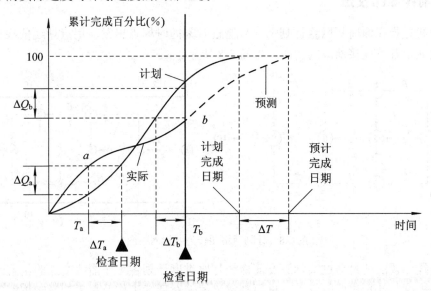

图3-7 S形曲线比较法

表 3-1　S 形曲线比较判别关系

纵向(数量)比较	同一时间内实际完成与计划完成数量(进度百分比%)Q 相比较		
实际点位于 S 线	上方	重合	下方
ΔQ	>0	=0	<0
进度计划执行情况	超额完成	刚好完成	未完成
横向(时间)比较	完成相同工作(进度百分比%)实际所用时间与计划需要时间 T 相比较		
实际点位于 S 线	左侧	重合	右侧
ΔT	<0	=0	>0
进度计划执行情况	工期提前	按期完成	工期拖延

3.3.3　香蕉形曲线比较法

　　香蕉形曲线是两条 S 形曲线组合成的闭合图形。工程项目的计划时间和累计完成任务量之间的关系都可用一条 S 形曲线表示。于是，根据各项工作的计划最早开始时间安排进度，就可绘制出一条 S 形曲线，称为 ES 曲线；根据各项工作的计划最迟开始时间安排进度绘制出的 S 形曲线，称为 LS 曲线。这两条曲线都是起始于计划开始时刻，终止于计划完成之时，因而图形是闭合的；形似香蕉，因而得名。

　　因为在项目的进度控制中，除了开始点和结束点之外，香蕉形曲线的 ES 和 LS 上的点不会重合，即同一时刻两条曲线所对应的计划完成量形成了一个允许实际进度变动的弹性区间，只要实际进度曲线落在这个弹性区间内，就表示项目进度是控制在合理的范围内。在实践中，每次进度检查后，将实际点标注于图上，并连成实际进度线，便可以对工程实际进度与计划进度进行比较分析，对后续工作进度做出预测和相应安排。

3.3.4　前锋线比较法

　　前锋线是指在原时标网络计划上，从检查时刻的时标点出发，用点划线依次将各项工作实际进展位置点连接而成的折线，如图 3-8 所示。

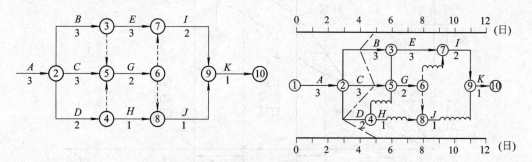

图 3-8　计划网络图转为时标网络图

　　前锋线比较法就是通过实际进度前锋线与原进度计划各工作箭线交点的位置来判断工作的实际进度与计划进度的偏差，进而判定该偏差对后续工作及总工期影响程度的一种方法。工作箭线的实际进度点与检查日点重合，说明该工作按时完成计划；若实际进度点在检查日点左侧，则表示该工作未完成计划，其长度的差距为拖后时间；若实际进度点在检查日点右侧，则表示该工作超额完成计划，其长度的差距为提前时间。

前锋线比较法是针对匀速进展的工作。主要适用于时标网络计划，既能用来进行工作实际进度与计划进度的局部比较，也可用来分析和预测工程项目整体进度情况。

3.3.5 列表比较法

当采用无时间坐标网络图计划时，也可以采用列表比较法，比较工程实际进度与计划进度的偏差情况。该方法是记录检查时应该进行的工作名称和已进行的天数，然后列表计算有关时间参数，根据原有总时差和尚有总时差判断实际进度与计划进度的比较方法。列表比较法详见表3-2。

表 3-2 工程进度检查对比表

工作代号	工作名称	检查计划时尚需要天数	到计划最迟完成时尚余天数	原有总时差	尚有总时差	情况判断
LL3-1	D	2	1	0	−1	影响工期
LL3-2	E	1	2	1	1	正常
LL3-3	F	2	2	2	0	拖后

3.3.6 模型图检查法

模型图检查法常用于监测高层建筑的施工进度。

图 3-9 为一高层建筑施工进度模型检查示意图，竖向表示由基础到楼顶的各层施工作业面，横向依次表示各作业面上的施工过程。一般包括计划和实际的开始时间、结束时间和工作持续时间。在整个施工过程中，按施工流向从左至右、由下而上依次标注出施工进度的完成情况，并将提前完成、按期完成和拖期完成部分用不同颜色区别开来。

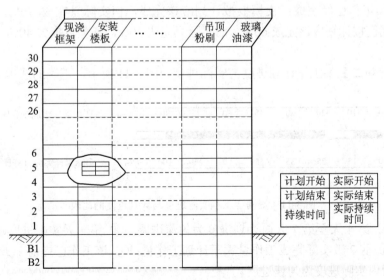

图 3-9 模型图检查法

用施工的形象进度结合时间要素综合反映施工进度的方法，形象直观，逻辑关系表达清楚，便于检查、比较、分析，便于不同专业工种或分包单位施工的协调。

3.3.7　垂直进度图法

建立直角坐标系，其横轴 T 表示进度时间，纵轴 Y 表示施工任务的数量完成情况。施工数量进度可用实物工程量、施工产值、消耗的劳动时间(工日)等指标表示。

垂直进度图法适用于多项匀速施工作业的进度检查，可在纵坐标上直接查到实际的数量进度，不必用时间进度去换算，在实际施工速度与计划施工速度不同时，尤为方便、快捷，综合性强。

3.3.8　实际进度与计划进度的比较法案例分析

【案例分析一】某工程项目基础工程的计划进度和截止到第 9 周末的实际进度如图 3-10 所示，其中双线条表示该工程计划进度，粗实线表示实际进度。

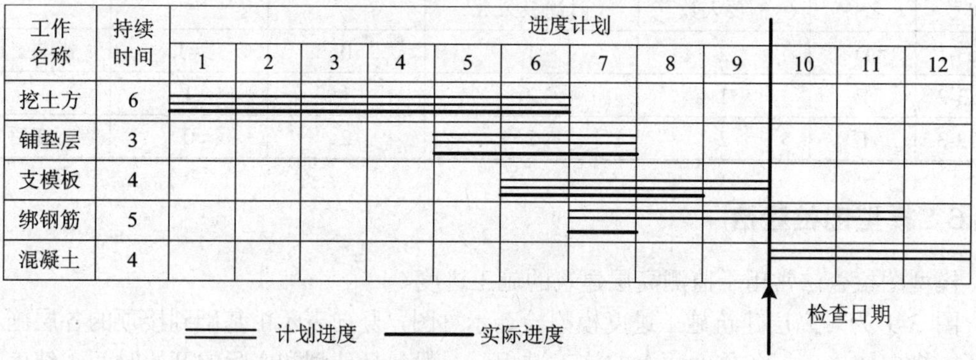

工作名称
持续时间
进度计划
1
2
3
4
5
6
7
8
9
10
11
12
挖土方
6
铺垫层
3
支模板
4
绑钢筋
5
混凝土
4
检查日期
计划进度
实际进度

图 3-10　案例 1 工程实际进度与计划进度的比较

图中实际进度与计划进度的比较可以看出，到第 9 周末进行实际进度检查时，挖土方和做垫层两项工作已经完成；支模板按计划应该完成，但实际只完成 75%，任务量拖欠 25%；绑扎钢筋按计划应该完成 60%，而实际只完成 20%，任务量拖欠 40%。

【案例分析二】某工作计划进度与实际进度如图 3-11 所示，正确的选项是(　　)。

1　2　3　4　5　6　7　8　(天)
0　10　20　30　45　60　75　90　100(%)
计划累计完成百分比
0　15　25　35　55　60　90　100　(%)
1　2　3　4　5　6　7　8　(天)
实际累计完成百分比

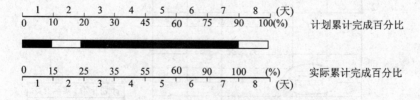

图 3-11　案例 2 工程实际进度与计划进度的比较

图中，① 第 4 天至第 7 天内计划进度为匀速进展；② 第一天实际进度超前，但在第二天停工；③ 前 2 天实际完成工作量大于计划工作量；④ 该工作已提前 1 天完成；⑤ 第 3 天至第 6 天内实际进度为匀速进展。

正确的选项是① ② ④

【案例分析三】 某分部工程时标网络计划如图 3-12 所示。第七天结束时，检查的实际进度执行情况如图前锋线所示。检查结果表明(　　)。

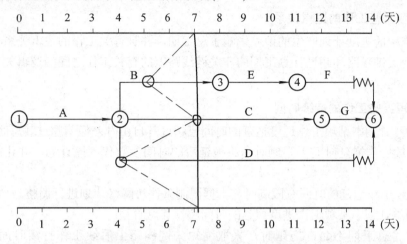

图 3-12　案例 3 工程实际进度与计划进度的比较

检查结果表明： 工作 B 为实际进度比计划进度拖后 2 天，工作 C 为正常，工作 D 为实际进度比计划进度拖后 3 天。

3.4　施工进度计划实施中的检查与调整方法

施工进度计划由承包单位编制完成后，应提交给监理工程师审查，待监理工程师审查确认后即可付诸实施。承包单位在执行施工进度计划的过程中，由于各种因素的影响，常常会打乱原始计划的安排而出现进度偏差，监理工程师必须对施工进度计划的执行情况进行动态检查，并分析进度偏差产生的原因，以便为施工进度计划的调整提供必要的信息。同时监理工程师应定期向业主报告工程进展状况。

3.4.1　施工进度计划实施中的检查

施工进度计划实施以下检查：

(1) 定期地、经常地收集由承包单位提交的有关进度报表资料。工程施工进度报表资料不仅是监理工程师实施进度控制的依据，同时也是其核对工程进度款的依据。报表的内容根据施工对象及承包方式的不同而有所区别，但一般应包括工作的开始时间、完成时间、持续时间、逻辑关系、实物工程量和工作量，以及工作时差的利用情况等。

(2) 由驻地监理人员现场跟踪检查建设工程的实际进展情况。为了避免施工承包单位超报已完工程量，驻地监理人员可每周、每半月、每月进行现场实地检查和监督。在某一施工阶段出现不利情况时，可以进行每天检查。

除此之外，由监理工程师定期组织现场施工负责人召开现场会议，也是获得建设工程实际进展情况的一种方式，通过这种面对面的交谈，监理工程师可以从中了解到施工过程中的潜在问题，以便及时采取相应的措施加以预防。

3.4.2　进度计划实施中的调整方法

1. 改变某些工作的逻辑关系

若实施中的进度计划产生的偏差影响了总工期，并且有关工作的逻辑关系允许改变，则可以改变关键线路和超过计划工期的非关键线路上的有关工作之间的逻辑关系，达到缩短工期的目的。

2. 缩短某些工作的持续时间

(1) 网络计划中某项工作进度拖延的时间已超过其自由时差但未超过其总时差：

① 后续工作拖延时间无限制时，将拖延后的时间参数代入原计划，并化简网络计划即得。

② 后续工作拖延的时间有限制时，根据限制条件对网络计划进行调整。

(2) 网络计划中某项工作进度拖延的时间超过其总时差：

① 项目总工期不允许拖延时，采取缩短关键线路上后续工作持续时间(工期优化方法)。

② 项目总工期允许拖延时，只需以实际数据取代原计划数据，并重绘、化简网络计划。

③ 项目总工期允许拖延的时间有限时，以总工期的限制时间作为规定工期，对检查日以后尚未实施的网络计划进行调整。

(3) 网络计划中某些工作进度超前，要综合分析进度超前对后续工作产生的影响，并同承包单位协商，提出合理的进度调整方案。

3.4.3　监理对工程进度滞后的处置

当工程实际进度严重滞后于计划进度时，专业监理工程师应及时报总监理工程师。总监理工程师在得知情况时，应分析原因、考虑对策，并向业主报告、与业主商量进一步应采取的措施。从分清责任和处理索赔方面分为工程延误和工程延期。

1. 工程延误

由于承包商自己原因造成的工期拖延，其一切损失由承包商自己承担。

按照施工合同示范文本，由下列原因造成的工期延误，经总监理工程师确认，工期相应顺延：

(1) 发包人未能按合同约定提供图纸及开工条件；

(2) 发包人未能按约定日期支付工程预付款、进度款，致使施工不能正常进行；

(3) 监理工程师未能按合同约定提供所需指令、批准等，致使施工不能正常进行；

(4) 设计变更的工程量增加；

(5) 一周内非承包人原因停水、停电、停气等造成停工累计超过 8 小时；

(6) 不可抗力；

(7) 专用条款中约定或工程师同意工期顺延的其他情况。

2. 工程延期

由于承包商以外的原因造成的工期延长。工程延期经监理工程师审查批准后，所延长的时间属于合同工期的一部分。

在确定各影响工期事件对工期或区段工期的综合影响程度时，要按下列步骤进行：

(1) 以批准的施工进度计划为依据，确定正常按计划施工时应完成的工作和应达到的进度；

(2) 详细核实工期延误后，实际完成的工作或实际达到的进度；

(3) 查明受到延误的作业工种；

(4) 查明影响工期延误的主要事件外是否还有其他影响因素，并确定其影响程度；

(5) 确定该影响工期主要事件对工程竣工时间或区段竣工时间的影响值。

工期的延期分为临时延期和最终延期两种。

工程延期的处理工作程序如图 3-13 所示。

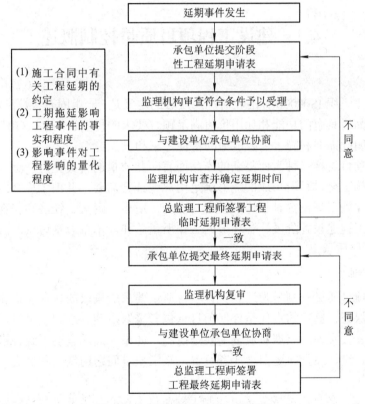

图 3-13　工程延期的处理工作程序

第四章　建设工程项目质量控制

【**学习目标**】　掌握影响工程质量主要因素的控制，监理人员进行质量控制的任务和内容，质量控制点设置原则，工程质量事故处理；明确施工阶段质量控制的依据，施工前及施工工序质量控制的内容；了解见证点、旁站、巡视和质量控制的概念。

4.1　建设工程项目质量控制概述

1. 质量

国际标准化组织 ISO9000 标准族对产品质量的定义是：一组固有特性满足要求的程度。其含义是指产品所具有的功能和使用价值满足顾客要求的程度。例如，GB/T 6583—94 是反映实体满足明确需要和隐含需要能力的特性之总和。

对于工程项目这样一种大而复杂的产品而言，其质量的含义更为广泛。工程项目质量是指通过项目施工全过程所形成的能够满足用户或社会需要，并由工程合同、有关技术标准、设计文件、施工规范等具体详细设定其安全、适用、耐久、经济和美观等特性要求的工程质量以及工程建设各阶段、各环节的工作质量总和。本章着重讨论产品质量，即工程实体质量(或工程质量)。

2. 质量控制

建设工程项目质量控制是为达到工程项目质量要求所采取的作业技术和活动。质量控制不等于质量保证，监理的责任是督促项目承包者采取措施去达到质量目标，项目的质量保证应由承包者去实现，监理对质量主要是控制。如果产品质量达不到合格标准，生产者负有直接责任。设计质量问题由设计者负责，施工质量问题由施工者负责，监理则承担对质量失控的责任。

1983 年以来，各地相继成立了以控制工程质量为核心任务的工程质量监督机构，为保证工程项目的质量起了很好的监督和促进作用。工程质量监督机构是经省级以上建设行政主管部门或有关专业部门认定，具有独立法人资格单位。

4.2　影响工程质量主要因素的控制

4.2.1　人的控制

人是施工的主体，是工程产品形成的直接决策者、组织者、指挥者和操作者。人员的素质将直接影响产品的优劣。其包括领导者的素质、人的理论技术水平、人的生理缺陷、人的心理行为、人的错误行为。

监理工程师的重要任务之一就是把好施工人员质量关，主要抓好人员资质审查与控制工作，对承包单位的项目经理、技术员、资料员、安全员、质检员、实验员等管理者及焊工、塔吊司机、龙门架司机等特殊工程人员要验其资质，必须持证上岗。

4.2.2 材料的控制

工程所需的原材料、半成品、构配件和永久性器材、设备、这些都将构成永久性工程的组成部分，所以它们的质量好坏直接影响未来工程产品的质量，因此需要事先对其质量严格控制。

(1) 对采购的质量控制。承包单位在采购订货前应向监理工程师申报所购材料的数量、品种、型号、规格、技术标准和质量要求、计量方法、交货期限、交货方式、价格以及供货方应向订货方提供质量保证文件。

(2) 对制造质量的监督与控制。对某些重要设备、器材或外购订货的构件，可以采取对厂方生产制造实行监造的方式，进行重点的或全过程的质量监督。

(3) 对材料、设备进场的质量控制。凡运到施工现场的原材料、半成品或构配件，监理工程师应检查其三证(合格证、技术说明书、产品检验报告)。对某些材料进行平行检验、抽样检验。

(4) 材料、设备存放条件质量控制。对于施工单位所准备的各种材料、设备等存放条件及环境事先应得到监理工程师的确认，如果存放保管不当，监理工程师有权要求其改善，改善后方可确认。

(5) 对某些当地天然材料及现场配制的制品质量控制。一般要求施工单位事先试配达到要求的标准，方予施工。

(6) 对新材料、新型设备或装置的应用，应事先提交可靠的技术鉴定及有关试验和实际应用报告，经监理工程师审查确认和批准后，方可在工程中应用。

4.2.3 施工机械设备的控制

施工承包单位所采用的主要施工机械设备对工程的质量保证有重要影响，为此监理工程师要对施工机械进行监控。要审查施工机械设备的数量是否足够；也要审查施工机械设备是否完好，是否与已由监理工程师审查认可的施工组织设计或施工计划中所列一致；还要审查施工机械设备造型是否恰当，性能是否满足质量要求和适合现场条件。

4.2.4 施工方案和方法以及工艺的控制

施工方案和方法以及工艺的控制主要包括：
(1) 审查施工单位提交的施工组织设计或施工方案。
(2) 审查组织体系特别是质量管理体系是否健全。

(3) 审查施工现场总体布置是否合理。

(4) 审查工地地质特征及场区环境状况以及它们可能在施工中对质量与安全带来的不利影响。

(5) 审查主要的施工组织技术措施针对性、有效性如何。

(6) 审查施工程序的安排、主要项目的施工方法。

4.2.5　施工环境与条件

1. 对施工作业的辅助技术环境的控制

水、电或动力供应、施工照明、安全防护设备、施工场地空间条件和通道以及交通运输和道路条件等，这些条件是否良好，直接影响到施工能否顺利进行以及施工质量。当同一个施工现场有多个承包单位或多个工种同时施工或平行立体交叉作业时，更应注意避免它们在空间上的相互干扰，以致影响效率及质量、安全。

2. 对施工的质量管理环境控制

施工承包单位的质量管理、质量保证体系和质量控制系统是否处于良好的状态；系统的组织结构、检测制度、人员配备等方面是否完善和明确；准备使用的质量检测、试验和计量等仪器、设备和仪表是否能满足使用要求，是否处于良好的可用状态，有无合格的证明和率定表；仪器、设备的管理是否符合有关的法规规定，外送委托检测、试验的机构资质等级是否符合要求等。

3. 对现场自然环境条件的控制

监理工程师应检查施工承包单位，对于未来的施工期间，自然环境条件可能出现对施工作业质量的不利影响时，是否事先已有充分的认识并已做好充足的准备和采取了有效措施与对策以保证工程质量。

4.3　工程建设实施过程中各阶段的质量控制

4.3.1　事前质量保证工作

在一项工程施工前，监理工程师除了要做好对承包单位所做的各项准备工作质量的监控外，还应组织好如下的各项工作。

1. 做好监控准备工作

建立或完善监理工程师的质量监控体系，做好监控准备工作，使之能适应该项准备开工的施工项目质量监控的需要。例如，针对某分部、分项工程的施工及其特点拟定监理细则，配备监控人员，明确分工及职责，配备所需的检测仪器并使之处于良好的可用状态，保证有关人员熟悉有关的监测方法和规程，以保证监控质量等等。此外，还应督促与协助施工承包单位建立或健全现场质量管理制度，使之不断完善其质量保证体系，完善与提高其质量检测技术和手段。

2. 设计交底与图纸会审

设计图纸、图纸会审是监理单位、设计单位和施工单位进行质量控制的重要依据，为了使施工承包单位熟悉有关的设计图纸，充分了解拟施工的工程特点、设计意图和工艺与质量要求，同时也为了能在施工前发现和减少图纸的差错，防患于未然，事先消除图纸中的质量隐患。

(1) 设计交底。在工程施工前，由监理工程师组织设计单位向施工单位有关人员介绍设计意图、结构特点、施工及工艺要求、技术措施和有关注意事项及关键问题；再由施工单位提出图纸中存在的问题和疑点，以及需要解决的技术难题；然后通过三方研究和商讨，拟定出解决的办法，并写出会议纪要，以做为对设计图纸的补充、修改以及施工的一种依据。

(2) 图纸会审。施工图是工程施工的直接依据。图纸会审通常是由监理工程师组织施工单位、设计单位参加进行的。一般先由设计单位介绍设计意图和设计图纸、设计特点以及对施工的要求和技术关键问题。然后，由各方面代表对设计图纸存在问题及对设计单位的要求进行讨论、协商、解决存在的问题和澄清疑点，并写出会议纪要。

对于在图纸会审纪要中提出的问题，设计单位应通过书面形式进行解释，提交设计变更通知书。若施工图是由施工单位编制和提供的，则应由该施工单位针对会审中提出的问题修改施工图纸，然后上报监理工程师审查，在获得批准和确认后，才能按该施工图进行施工。

3. 设计图纸的变更及其控制

设计图纸变更的要求可能来自业主或监理工程师，也可能来自设计单位或施工承包单位。在各种情况下，均应通过监理工程师审查并组织有关方面研究、确认其必要性后，由监理工程师发布变更令方能生效予以实施。

4. 做好施工现场场地及通道条件的保证

为了保证施工单位能够顺利地施工，监理工程师应使业主或建设单位按照施工单位施工的需要，事先划定并提供给承包商占有和使用现场有关部分范围。在监理工程师向施工单位发出开工通知书时，建设单位或业主应及时按计划保证质量地提供施工单位所需的场地和施工通道以及水、电供应等条件，以保证及时开工，否则即应承担补偿其工期和费用损失的责任。

5. 严把开工关

监理工程师对与拟开工工程有关的现场各项施工准备工作进行检查，合格后方可发布书面的开工指令。

6. 施工准备阶段的工作程序

施工准备阶段的工作程序具体如图 4-1 所示。

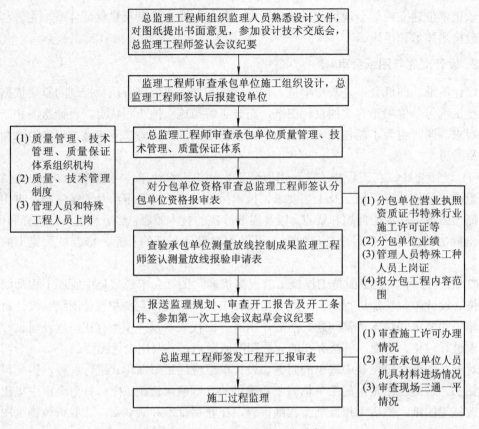

图 4-1　施工准备阶段的工作程序

4.3.2　施工中的质量控制

1. 对施工承包单位的质量控制工作监控

(1) 对施工单位的质量控制自检系统进行监督,使其能在质量管理中始终发挥良好的作用。如在施工中发现不能胜任的质量控制人员,可要求承包方予以撤换;当其组织不完善时,应促使其改进、完善。

(2) 监督与协助施工承包方完善工序质量控制,使其能将影响工序质量的因素自始至终都纳入质量管理范围;督促承包方将重要和复杂的施工项目或工序做为重点设立质量控制点,加强控制;及时检查与审核施工承包方提交的质量统计分析资料和质量控制图表;对于重要的工程部位或专业工程,监理单位还要进行试验和复核。

2. 在施工过程中进行质量跟踪监控(跟踪档案)

(1) 在施工过程中监理工程师要进行跟踪监控,监督承包方的各项工程活动,随时密切注意承包方在施工准备阶段中对影响工程质量的各方面因素所做的安排。

(2) 严格工序间的交接检查。对于主要工序作业和隐蔽作业,通常要按有关规范要求,由监理工程师在规定的时间内检查、确认其质量符合要求后,才能进行下道工序。

(3) 建立施工质量跟踪档案。施工质量跟踪档案,实质上也可以说是施工或安装记录,在我国叫做施工记录,在国际工程中常称做施工跟踪档案。它是针对各分部、分项工程所建立的，在施工承包单位进行工程对象施工或安装期间实施质量控制活动的记录，还包括监理工程师对这些质量控制活动的意见以及施工承包单位对这些意见的答复。它详细地记录了工程施工阶段质量控制活动的全过程。

施工跟踪档案包括两个方面：材料生产跟踪档案和建筑物施工或安装跟踪档案。

施工质量跟踪档案是在工程施工或安装开始前，由监理工程师帮助施工单位首先研究并列出各施工对象的质量跟踪档案清单。以后，随着工程施工的进展，施工单位应在各建筑、安装对象施工前二周建立相应的质量跟踪档案并公布有关资料。随着施工安装的进行，施工单位应不断补充和填写关于材料、半成品生产或建筑物施工、安装的有关内容，记录新的情况，当每一阶段的建筑物施工或安装工作完成后，相应的施工质量跟踪档案也应随之完成，施工单位应在相应的跟踪档案上签字、留档、并送交监理工程师一份。

3. 严控图纸变更

在工程施工过程中，无论是建设单位或者施工、设计单位以及承包方提出的工程变更或图纸修改，都应通过监理工程师审查并组织有关方面研究，确认其必要性后，由监理工程师发布变更指令方能生效予以实施。

4. 施工过程中的检查验收

(1) 工序产品的检查验收。对于各工序的产出品，应先由施工单位按规定进行自检，自检合格后向监理工程师提交"质量验收通知单"，监理工程师收到通知单后，应在合同规定的时间内及时对其质量进行检查，确认其质量合格并签发质量验收单后，方可进行下道工序的施工。

(2) 重要的工程部位、工序和专业工程，以及监理工程师对施工单位的施工质量状况未能确认者，还有重要的材料、半成品的使用等，都需由监理方亲自进行试验或技术复核。

5. 处理已发生的质量问题或质量事故

在事故调查的基础上进行事故原因分析，制订事故处理方案，实施对质量缺陷的处理。

6. 下达停工指令控制施工质量

在下列情况下，监理工程师有权行使质量控制权，下达停工令，及时进行质量控制。

(1) 施工中出现质量异常情况，经提出后，施工单位未采取有效措施，或措施不力未能扭转这种情况者。

(2) 隐蔽作业未经依法查验确认合格，而擅自封闭者。

(3) 已发生质量事故却迟迟未按监理工程师要求进行处理，或者是已发生质量缺陷或事故，如不停工则质量缺陷或事故将继续发展的情况下。

(4) 未经监理工程师审查同意，而擅自变更设计或修改图纸进行施工者。

(5) 未经技术资质审查的人员或不合格人员进入现场施工者。

(6) 使用的原材料、构配件不合格或未经检查确认者，或擅自采用未经审查认可的代用材料者。

(7) 擅自使用未经监理单位审查认可的分包商进场施工。

7. 施工阶段质量控制工作程序

施工阶段质量控制工作程序如图4-2所示。

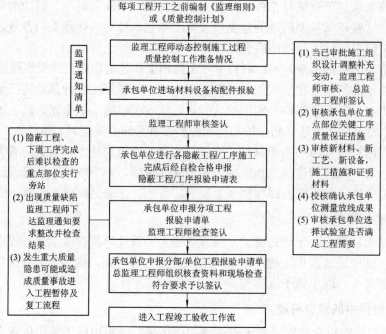

图 4-2　施工阶段质量控制工作程序

4.3.3　工程竣工验收工作流程

《建筑工程施工质量验收统一标准》(GB 50300—2001)中 3.03 条规定了建筑工程施工质量验收标准。标准对建筑工程质量验收的划分增加了检验批、子分部和子单位。检验批可根据施工及质量控制和专业验收需要按楼层、施工段、变形缝等进行划分；当分部工程较大或较复杂时，可按材料种类、施工特点、施工程序、专业系统及类别等划分为若干子分部工程；建筑规模较大的单位工程，可将其能形成独立使用功能的部分作为一个子单位工程。

工程竣工验收工作流程如图 4-3 所示。

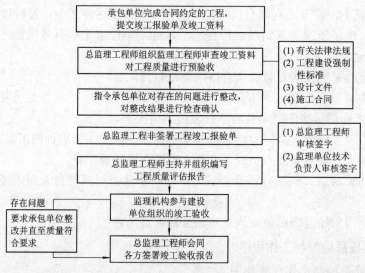

图 4-3　工程竣工验收工作流程

4.4　工程建设施工阶段质量监督控制手段

监理工程师进行施工质量监理，一般可采用以下几种手段来进行监督控制。

1. 测量

测量是对建筑对象几何尺寸、方位等控制的重要手段，施工前监理人员应对施工放线及高程控制进行检查，严格控制，不合格者不得施工；有些在施工过程中也应随时注意控制，发现偏差，及时纠正；中间验收时，对于几何尺寸等不合要求者，应责令施工单位处理。

2. 试验

试验数据是监理工程师判断和确认各种材料和工程部位内在品质的主要依据。

3. 指令文件

指令文件是表达监理工程师对施工承包单位提出指示和要求的书面文件，用以向施工单位指出施工中存在的问题，提请施工单位注意，以及向施工单位提出要求或指示其做什么或不做什么等等。监理工程师的各项指令都应是书面的或有文件记载方为有效，并作为技术文件资料存档。如因时间紧迫，来不及做出正式的书面指令，也可以以口头指令的方式下达给施工单位，但随即应按合同规定，及时补充书面文件对口头指令予以确认。

4. 支付控制

支付控制是国际上较通用的一种重要的控制手段，也是业主或合同赋予监理工程师的支付控制权。从根本上讲，国际上对合同条件的管理主要是采用经济手段和法律手段。因此，质量监督是以计量支付控制权为保障手段的。

支付控制权就是对施工承包单位支付任何工程款项，均需由监理工程师开具支付证明书，没有监理工程师签署的支付证书，业主不得向承包方进行支付工程款。工程款支付的条件之一就是工程质量要达到规定的要求和标准，如果施工单位的工程质量达不到要求的标准，而且又不能按监理工程师的指示承担处理质量缺陷的责任使之达到要求的标准，监理工程师有权采取拒绝开具支付证书的手段，停止对施工单位支付部分或全部工程款，由此造成的损失由施工单位负责。显然，这是十分有效的控制和约束手段。

我国有些外贷工程项目，如世界银行贷款项目或国际招标项目，曾按国际惯例成功地运用这一手段解决质量纠纷问题。

5. 旁站监督

旁站监督是驻地监理人员经常采用的一种主要的现场检查形式，即在施工过程中现场观察、监督与检查其施工过程，注意并及时发现质量事故的苗头和影响质量因素的不利的发展变化，潜在的质量隐患以及出现的质量问题等，以便及时进行控制。

对于隐蔽工程一类的施工，进行旁站监督更为重要。

6. 巡视监理

巡视是指定期或不定期的巡视检查。巡视监理则指巡视正在作业的部位或工序；对已施工完毕的部位，若发现问题，可用量测或检测的方法进行检查。填写《巡视监理记录表》，必要时可由监理工程师或总监签发《巡视监理备忘录》。

7. 见证点与停止点

根据工程项目的特点，抓工序中的重要部位和薄弱环节。对结构部位、关键工序、操作、施工顺序、技术参数、材料、机械、施工环境等难度大危害大的施工点，可参照在国际上，质量控制对象根据它们的重要程度和监督控制要求不同，设置的"见证点"或"停止点"。

"见证点"或"停止点"都是质量控制点，由于它们的重要性或其质量后果影响程度有所不同，它们的运作程序和监督要求也不同。

1) 见证点

(1) 施工单位应在到达某个见证点之前的一定时间(如 24 小时)，书面通知监理工程师，说明将到达该见证点准备施工的时间，请监理人员届时现场进行见证和监督。

(2) 监理工程师收到通知后，应在"施工跟踪档案"上注明收到该通知的日期并签字。

(3) 监理人员应在约定的时间到现场见证。监理人员应对见证点实施过程进行监督、检查，并在见证表上作详细记录后签字。

(4) 如果监理人员在规定的时间未能到场见证，施工单位可以认为已获监理工程师认可，有权进行该项施工。

(5) 如果监理人员在此之前已到现场检查，并将有关意见写在"施工跟踪档案"上，则施工单位应写明已采取的改进措施或具体意见。

2) 停止点

停止点是重要性高于见证点的质量控制点，它通常是针对"特殊过程"或"特殊工艺"而言。

凡列为停止点的控制对象，要求必须在规定的控制点到来之前通知监理方派人对控制点实施监控，如果监理方未能在约定的时间到现场监督、检查，施工单位应停止进入该控制点相应的工序，并按合同规定等待监理方，未经认可不能越过该点继续活动。

通常用书面形式批准其继续进行，但也可以按商定的授权制度批准其继续进行。

4.5　施工工序质量的控制

工程实体质量是在施工过程中形成的，而不是最后检验出来的。施工过程中由一系列相互联系与制约的工序所构成。工序是人、材料、机械设备、施工方法和环境等因素对工程质量起综合作用的过程。

施工过程中质量控制的主要工作应当是：以工序质量控制为核心，设置质量控制点，进行预控，严格质量检查和加强成品保护。表 4-1 为建筑装饰工程分部工程，其工序具体的质量控制见第五章。

表 4-1　建筑装饰工程分部工程

子分部工程	分 项 工 程
建筑地面工程	基层、整体面层、板块面层、竹木面层
抹灰工程	一般抹灰、装饰抹灰、清水砌体勾缝
门窗工程	木门窗制作与安装，金属门窗安装，塑料门窗安装，特种门安装，门窗玻璃安装
吊顶工程	暗龙骨吊顶、明龙骨吊顶
轻质隔墙工程	板材隔墙、骨架隔墙、活动隔墙、玻璃隔墙
饰面板(砖)工程	饰面板安装，饰面砖粘贴
幕墙工程	玻璃幕墙、金属幕墙、石材幕墙
涂饰工程	水性涂料涂饰、溶剂型涂料涂饰、美术涂饰
裱糊与软包工程	裱糊，软包
细部工程	橱柜制作与安装，窗帘盒、窗台板和散热器罩制作与安装，门窗套制作与安装，护栏和扶手制作与安装，花饰制作与安装

【案例分析】

某饭店进行职工餐厅的装修改造，主要项目包括：旧结构拆改、墙面抹灰、吊顶、涂料、墙地砖铺设、更换门窗等等。某装饰公司承接了该工程的施工，为保证质量，对抹灰工程进行了重点控制。高级抹灰有允许偏差和检验方法如下表：

项　　次	项　　目	高级抹灰允许偏差/mm
1	表面平整	4
2	阴阳角垂直	2
3	立面垂直	3
4	阴阳角方正	2
5	分格条(缝)直线	—

为了防止墙面开裂，需要采取以下措施：① 抹灰施工要分层进行；② 对抹灰厚度大于 55 mm 的抹灰面要增加钢丝网片以防止开裂；③ 对墙、柱、门、窗、洞口的阳角作 1：2 水泥砂浆暗护角处理；④ 有防水要求有墙面抹灰，水泥砂浆中掺入 16：1 的外加剂并试配。

问题：

(1) 题中所示的高级抹灰允许偏差有无错误？

(2) 防止墙面开裂的技术措施有无不妥或者缺项？请补充改正。

(3) 抹灰工程中需要对哪些材料进行复试？复试项目有哪些？

(4) 冬季施工中，对墙面抹灰施工要有何种措施？

(5) 装饰装修工程质量的好坏很大程度上取决于细部构造部位的处理，建筑地面工程的细部构造一般指哪些部位？

(6) 建筑地面变形缝应如何处理？

(7) 饰面板(砖)工程的细部构造一般是指哪些部位？其施工质量控制点有哪些？

【解】

(1) 有错误。高级抹灰的表面平整度的允许偏差为 2 mm。

(2) 应改为抹灰厚度大于 35 mm 的抹灰要增加钢丝网片以防止开裂，并增加各抹灰层与基层粘结必须牢固，抹灰层无脱层、空鼓、爆灰、裂缝。

(3) 抹灰工程中要求对水泥进行复试。复试项目有水泥凝结时间、水泥安定性。

(4) 冬季施工应符合下列规定：抹灰温度不低于 5℃，室内温度不低于 5℃；冬季要注意室内通风换气，排除湿气，并由专门人员负责开闭门窗和测温工作，保证抹灰不受冻。

(5) 建筑地面细部构造指地面变形缝，镶边相邻面层的标高差，与地漏、管道结合处，楼梯踏步和踢脚线。

(6) 缝内清理干净，以柔性密封材料填嵌后用板封盖，并应与面层齐平。

(7) 饰面板工程的细部构造及施工质量控制点具体如下：

背面防碱处理：采用湿法作业施工的饰面板工程，如天然石材。

防裂背衬：强度较低或较薄、规格尺寸较大的石材在背面粘贴玻璃纤维网布或穿孔金属板材。

非整排砖：放在次要部位或阴角片，每面墙不宜有两列非整砖，非整砖宽度不宜小于整砖的 1/3。

阴阳砖：阳角砖压向正确，阳角线宜做成 45 度角对接。

孔洞：在墙面突出物片、饰面板上的孔洞应套割吻合，边缘整齐，不得用非整砖拼凑铺贴。

墙裙脸贴：突出墙面的厚度应一致。

滴水线(槽)：有排水要求的部位应做滴水线(槽)，滴水线(槽)顺直，流水坡向正确，坡度符合设计要求。

4.6　质量事故的分析与处理

4.6.1　工程建设项目质量问题

工程建设项目的质量问题有下列四种：

(1) 质量不合格。工程产品没有满足某个规定的要求。

(2) 质量缺陷。我国国家标准 GB/T 19000 中规定，没有满足某个预期使用要求或合理的期望要求。

(3) 质量问题。凡是工程质量不合格，必须进行返修、加固或报废处理，由此造成直接经济损失低于 5000 元的。

(4) 质量事故。凡在生产中出现的产品质量问题或在销售过程中出现的质量不正常现象而造成一定经济损失以及对使用安全有效造成危害均视为质量事故，因违规操作造成的人员、设备安全事故也列入质量事故处理。

4.6.2　质量事故的分类

质量事故的分类如下：

(1) 轻微质量事故是指事故的发生对产品质量有一定影响，但该质量问题经过适当纠正，即可成为合格产品，造成的经济损失在 1000 元以下，影响轻微。

(2) 一般质量事故是指事故的发生是人为因素造成的，对产品质量有较大的影响，造成生产停产或产品的部分返工，造成的经济损失在 1000～5000 元。

(3) 重大质量事故是指事故的发生对产品的质量造成重大影响，且该事故的发生带来较大的经济损失，造成生产停产或产品的成批返工或导致产品彻底报废，造成的经济损失在 5000 元以上及公司声誉受到严重影响。

4.6.3　质量事故处理的基本程序

质量事故处理的基本程序有以下步骤：

(1) 下达工程施工暂停令。

(2) 质量事故调查。

(3) 分析事故原因。

(4) 制订事故处理方案。

(5) 质量事故处理和检查验收。

(6) 下达复工令。

4.6.4　事故处理的原则

事故处理的原则是事故原因不明不放过、事故责任不清不放过、事故处理结果防范措施不落实不放过。

(1) 轻微事故发生后，视事故情况、造成的影响及处理结果，对责任人和直接负责人分别处以 50～100 元的罚款，由责任人写出书面检查报公司办公室列入个人档案，直接负责人写出书面改进措施并报品保部备案。

(2) 一般事故发生后，视事故情况及处理结果，对责任人、直接负责人和事故部门负责人分别处以 200～500 元的罚款，责任人、直接负责人写出书面检查报公司办公室列入个人档案，事故部门负责人写出书面改进措施报总经理审批报品保部备案。

(3) 重大事故发生后，由总经理对事故作出相应的处理决定，对责任人、直接负责人和事故部门负责人分别处以 1000～5000 元罚款或按产品损失价值的 5%罚款，由责任人、直接负责人和事故部门负责人写出书面检查报公司办公室列入个人档案，事故部门负责人写出书面改进措施报总经理审批报品保部备案。

(4) 凡质量事故发生后，事故部门负责人应及时将事故发生时间、地点、责任人、损失情况、原因、补救措施和处理结果等进行详细记录，报公司办公室列入行政档案，并报品保部归入质量档案进行保存。

4.6.5　质量事故处理的方法

　　事故处理的基本方法包括：修补处理、加固处理、返工处理、限制使用、报废处理以及不作处理。一般可不作专门处理的情况有：不影响结构安全、生产工艺和使用要求的；后道工序可弥补的质量缺陷；法定检测单位鉴定合格的；出现的质量缺陷，经原设计单位核算仍能满足结构安全和使用功能的。

第五章　建筑装饰工程中分项工程质量控制

【学习目标】　掌握建筑装饰工程中各分项工程施工过程中的主控项目、一般项目和工程验收时检验批的取样和数量；明确各质量评定标准，了解材料、构造、施工对质量的影响。分项工程包括建筑地面工程、抹灰工程、门窗工程、轻质隔墙工程、吊顶工程、饰面板(砖)工程、幕墙工程、涂饰工程、裱糊与软包工程和细部工程。

5.1　建筑装饰装修工程质量控制的主要内容

建筑装饰装修工程是建筑工程在主体完成后的饰面部分，所涉及的主要是一切与人的视觉触角有关的，可接触到或可见到，能引起人们视觉愉悦和产生舒适感的部位。其监理工作的展开在遵循国家对建筑工程的规定基础上，就装饰装修工程的特殊性及施工范围，有针对性地展开监理工程的质量控制。

5.1.1　建筑装饰装修工程对设计的基本要求

建筑装饰装修工程对设计的基本要求具体如下：

(1) 建筑装饰装修工程必须进行设计，并出具完整的施工图设计文件。

(2) 承担建筑装饰装修工程设计的单位应具备相应的资质。

(3) 建筑装饰装修设计应符合城市规划、消防、环保、节能等有关规定。

(4) 建筑装饰装修工程设计必须保证建筑物的结构安全和主要使用功能。当涉及主体和承重结构改动或增加荷载时，必须由原结构设计单位对结构的安全性进行校核、确认。

(5) 建筑装饰装修工程的防火、防雷和抗震设计应符合国家规范。

(6) 当墙体或吊顶内的管线可能产生冰冻或结露时，应进行防冻或结露设计。

5.1.2　建筑装饰装修工程对施工管理的基本要求

建筑装饰装修工程对施工管理的基本要求具体如下：

(1) 承担建筑装饰装修工程施工的单位应具备相应的资质、施工人员应有相应的岗位资格证书。

(2) 建筑装饰装修工程的施工质量应符合设计要求和《建筑装饰装修工程质量验收规范》(GB 50210—2001)的规定。

(3) 建筑装饰装修工程施工中，严禁违反设计文件擅自改动建筑主体、承重结构或主要使用功能；严禁未经设计确认和有关部门批准擅自拆改水、暖、电、燃气、通讯等配套设施。

(4) 施工单位应遵守有关环境保护的法律法规，并应采取措施控制粉尘、废气、废弃物、噪声、振动等对周围环境造成的污染和危害。

(5) 施工单位应遵守有关施工安全、劳动保护、防火和防毒的法律规定。

(6) 室内外装饰装修工程施工的环境条件应满足施工工艺的要求。施工环境温度不应低于5℃。当必须在低于5℃气温下施工时，应采取保证工程质量的有效措施。

(7) 建筑装饰装修工程验收前应将施工现场清理干净。

5.1.3　建筑装饰装修工程对监理工作的要求

建筑装饰装修工程对监理工作的要求具体如下：

(1) 监理人员对工程所需的原材料、半成品、成品(构配件)等的质量控制。专业监理人员应对承包单位报送的拟进场工程材料、构配件和设备的工程材料构配件、设备报审表及其质量证明资料进行审核；所有装饰装修材料进场前，施工单位应替监理单位对材料的品种、规格、外观和尺寸等进行验收，应将产品的合格证明书、中文说明书及相关性能的检测报告对照设计文件和规范标准的要求进行检查。依照规范和标准有规定要求，对进场的实物按照业主要求或有关工程质量管理文件采用平行检验或见证取样方式进行的抽检，费用由业主承担，其中不合格的材料检验费由材料采购单位负责。对未经监理人员验收或验收不合格的工程材料、配件、设备，监理人员应拒绝签认，并应签发监理工程师通知单，书面通知承包单位限期撤出现场。

(2) 建筑装饰装修工程施工监理巡视和旁站检查的基本要求。总监理工程师应安排监理人员对施工过程进行巡视和旁站检查。在巡视时做到心中有数，勤看、勤量、认真对照设计要求，采取旁站形式进行检查，及时发现问题、纠正问题。对隐蔽工程的隐蔽过程及下道工序施工完成后难以检查的重点部位，专业监理工程师应按承包单位报送的隐蔽工程报验申请表和自检结果进行检查，符合要求的予以签认。

(3) 建筑装饰装修工程验收。专业监理工程师应对承包单位报送的分项工程质量验评资料进行审核，符合要求后予以签认；总监理工程师进行审核和现场检查，符合要求后予以签认。

5.1.4　建筑装饰装修工程主控项目与一般项目的检验

为确保工程质量，使检验批的质量符合安全和使用功能的基本要求，各专业质量验收规范对各检验批的主控项目和一般项目的子项合格质量都给予明确规定。检验批的合格质量主要取决于对主控项目和一般项目的检验结果。

主控项目是对检验批的基本质量起决定性影响的检验项目，因此必须全部符合有关专业工程验收规范的规定。这意味着主控项目不允许有不符合要求的检验结果，即这种项目的检查具有否决权。鉴于主控项目对基本质量的决定性影响，从严要求是必须的。

5.2　建筑地面工程

建筑地面是指建筑物底层地面(地面)和楼面地面(楼面)的总称，其中还包括室外散水、明沟、踏步、台阶和坡道等附属工程，如图 5-1 和图 5-2 所示。

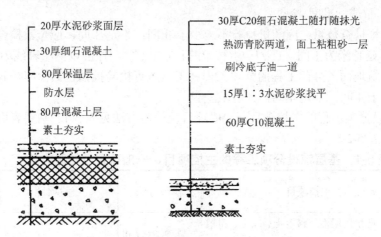

图 5-1 保温、防潮地面构造

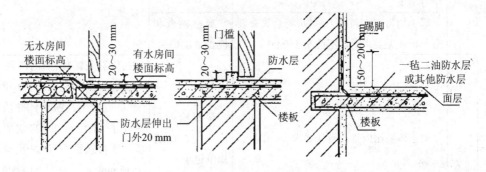

图 5-2 楼地面防水构造

地面工程除面层外各构造层均为隐蔽工程，工程量大、工序多，在实际操作过程中，因其危害性小而检查工作量大而经常被忽视。因此对地面工程施工工序、产品、工序交接及隐蔽工程质量检查等环节上要加强巡视监督控制，以避免出现工程质量问题。

5.2.1 基层铺设工程

基层铺设工程包括以下内容：

(1) 地面基本构造。地面由垫层、找平层、结合层、附加层、面层构成。

(2) 基层各构造层试验、见证。

① 要求施工单位提交的关于材料质量的检(试)验项目包括：土试验记录、水泥、砂子、石子、隔离层材料、填充层材料合格证或试验报告；混凝土、砂浆试块试验报告、汇总，强度评定；三合土、炉渣垫层、填充层、混凝土、砂浆配合比通知单。

② 对重要的材料，监理人员必须进行平行检验。检(试)验的见证数量一般为检(试)验项目总数的 35%～45%。

(3) 基层各构造层验收。

基层铺设工程检验批划分：基层(各构造层)和各类面层的分项工程的施工质量验收应按每一层次或每层施工段(或变形缝)作为检验批，高层建筑的标准层可按每三层(不足三层按三层计)作为检验批；每检验批应以各子分部工程的基层(各构造层)和各类面层所划分的分项工程按自然间(或标准间)检验。

基层铺设工程抽查数量：应随机检验不应少于 3 间；不足 3 间，应全数检查；其中走廊(过道)应以 10 延长米为 1 间，工业厂房(按单跨计)、礼堂、门厅应以两个轴线为 1 间计算；有防水要求的建筑地面子分部工程的分项工程施工质量每检验批抽查数量应按其房间总数随机检验不应少于 4 间，不足 4 间，应全数检查。

(4) 基层铺设分项工程的主控项目、一般项目及检验方法见表 5-1。基层表面的允许偏差和检验方法见表 5-2。

表 5-1　基层铺设分项工程的主控项目、一般项目及检验方法

项　次		主控项目	检验方法	一般项目	检验方法
基土		基土严禁用淤泥、腐殖土、冻土、耕植土、膨胀土和含有有机物质大于 8%的土作为填土	观察检查和检查土质记录	基土表面的允许偏差应符合表 5-2 规定	
		基土均匀密实，压实系数应符合设计要求，设计无要求时，不应小于 0.90	观察检查和检查土质记录		
垫层	灰土垫层	灰土体积比应符合设计要求	观察检查和检查配合比通知单记录	熟化石灰颗粒粒径不得大于 5 mm；黏土(或粉质黏土、粉土)内不得含有有机物质，颗粒粒径不得大于 15 mm	观察检查和检查材质合格证明文件及检测报告
				灰土垫层表面的允许偏差应符合表 5-2 规定	
	砂石垫层	砂和砂石不得含有草根等有机杂质；砂应采用中砂；石子最大粒径不得大于垫层厚度的 2/3	观察检查和检查材质合格证明文件及检测报告	表面不应有砂窝、石堆等质量缺陷	观察检查
		砂垫层和砂石垫层的干密度(或贯入度)应符合设计要求	观察检查和检查材质合格记录	砂垫层和砂石垫层表面的允许偏差应符合表 5-2 规定	
	碎石垫层	碎石的强度均匀，最大粒径不应大于垫层厚度的 2/3；碎砖不应采用风化、疏松、夹有有机杂质的砖料，颗粒粒径不应大于 60 mm	观察检查和检查材质合格证明文件及检测报告		
		碎石、碎砖的垫层的密实度应符合设计要求	观察检查和检查材质合格记录		

项 次		主控项目	检验方法	一般项目	检验方法
垫层	三合土垫层	熟化石灰颗粒粒径不得大于 5 mm;砂应用中粗砂,并不得含有草根等有机物质;碎砖不应采用风化、疏松和夹有有机杂质的砖料,颗粒粒径不应大于 60 mm	观察检查和检查材质合格证明文件及检测报告	三合土垫层表面的允许偏差应符合表 5-2 规定	
		三合土的体积比应符合设计要求	观察检查和检查配合比通知单记录		
	炉渣垫层	炉渣内不应含有有机杂质和未燃尽的煤块,颗粒粒径不应大于 40 mm,且颗粒粒径 5 mm 及其以下的颗粒不得超过总体积的 40%;熟化石灰颗粒粒径不得大于 5 mm	观察检查和检查材质合格证明文件及检测报告	炉渣垫层与下一层结合牢固,不得有空鼓和松散炉渣颗粒	观察检查和用小锤轻击检查
		炉渣垫层的体积比应符合设计要求	观察检查和检查配合比通知单记录	炉渣垫层表面的允许偏差应符合表 5-2 规定	
	水泥混凝土垫层	水泥混凝土垫层采用的粗骨料,其最大粒径不应大于垫层厚度的 2/3,含泥量不应大于 2%;砂为中粗砂,其含泥量不应大于 3%	观察检查和检查材质合格证明文件及检测报告	水泥混凝土垫层表面的允许偏差应符合表 5-2 规定	
		混凝土的强度等级应符合设计要求,且不应小于 C15	观察检查和检查配合比通知单记录		
找平层		找平层采用碎石或卵石的粒径不应大于其厚度的 2/3,含泥量不应大于 2%;砂为中粗砂,其含泥量不应大于 3%	观察检查和检查材质合格证明文件及检测报告	找平层与下一层结合牢固,不得有空鼓	用小锤轻击检查
		水泥砂浆体积比或水泥混凝土强度等级应符合设计要求且水泥砂浆的体积比不应小于 1:3;混凝土的强度等级不应小于 C15	观察检查和检查配合比通知单记录	找平层表面密实、不得有起砂、蜂窝和裂缝缺陷	观察检查
		有防水要求的建筑地面工程的立管、套管、地漏处严禁渗漏,坡向应正确、无积水	观察检查和蓄水、泼水检验及坡度尺检查	找平层层表面的允许偏差应符合表 5-2 规定	
隔离层		隔离层材质必须符合设计要求和国家产品标准的规定	观察检查和检查材质合格证明文件及检测报告	厚度符合设计要求	观察检查和钢尺检查

续表二

项　次	主控项目	检验方法	一般项目	检验方法
隔离层	厕浴间和有防水要求的建筑地面必须设置防水隔离层。楼层结构必须采用现浇混凝土或整块预制混凝土板,混凝土强度等级不应小于C20;楼板四周除门洞外,应做混凝土翻边,其高度不应小于120 mm。施工时结构层标高和预留孔洞位置应准确,严禁乱凿洞	观察检查和钢尺检查	隔离层与其下一层粘结牢固,不得有空鼓;防水涂层应平整、均匀,无脱皮、起壳、裂缝、鼓泡等缺陷	用小锤轻击检查和观察检查
	水泥类防水隔离层的防水性能和强度等级必须符合设计要求	观察检查和检查检测报告	隔离层表面的允许偏差应符合表5-2规定	
	防水隔离层严禁渗漏,坡向应正确,排水通畅	观察检查,蓄水、泼水检验或坡度尺检查		
填充层	填充层的材料质量必须符合设计要求和国家产品标准的规定	观察检查和检查材质合格证明文件、检测报告	松散材料填充层铺设应密实;板块状材料填充层应拍实、无翘曲	观察检查
	填充层的配合比必须符合设计要求	观察检查和检查配合比通知单	填充层表面的允许偏差应符合表5-2规定	

表 5-2　基层表面的允许偏差和检验方法

项次	项目	允许偏差											检验方法
		基土	垫层			找平层				填充层		隔离层	
			砂、砂石、碎石、碎砖	灰土、三合土、炉渣、水泥混凝土	木搁栅	毛地板		用沥青玛瑞脂做结合层铺设拼花木板、板块面层	用块水泥面层砂浆做结合层铺设	用胶粘剂做结合层铺设拼花木板、塑料板、强化复合地板、竹地板	松散材料	板、块材料	防水、防潮、防油渗	
						花实木	其他种类							
1	表面平整度	15	15	10	3	3	5	3	5	2	7	5	3	用2靠尺和楔形塞尺检查
2	标高	0～50	±20	±10	±5	±5	±8	±5	±8	±4	±4	±4	±4	用水准仪检查
3	坡度	不大于房间相应尺寸的2/1000,且不大于30												用坡度尺检查
4	厚度	在个别地方不大于设计厚度的1/10												用钢尺检查

5.2.2　整体面层工程

整体面层工程包括以下内容:

(1) 整体面层。是按设计要求选用不同材质和相应配合比,经现场施工铺设而成。装饰工程中常用的有:水泥混凝土(含细石混凝土)面层、水泥砂浆面层、水磨石面层、水泥钢(铁)屑面层、防油渗面层、不发火(防爆)面层。

(2) 整体面层检验批划分和抽查数量同基层铺设。

(3) 整体面层的主控项目、一般项目及检验方法见表 5-3。整体面层的允许偏差和检验方法见表 5-4。

表 5-3　整体面层的主控项目、一般项目及检验方法

项次	主控项目	检验方法	一般项目	检验方法
水泥混凝土	水泥混凝土采用的粗骨料,其最大粒径不应大于面层厚度的 2/3;细石混凝土面层采用的石子粒径不应大于 15 mm	观察检查和检查材质合格证明文件及检测报告	面层表面不应有裂纹、脱皮、麻面、起砂等	观察检查
			面层表面的坡度应符合设计要求,不得有倒泛水和积水现象	观察检查,采用泼水或用坡度尺检查
			水泥砂浆踢脚线与墙面应紧密结合,设计一致,出墙厚度均匀	用小锤轻击检查,观察检查和钢尺检查
	面层的强度等级应符合设计要求,且水泥混凝土面层强度等级不应小于 C20;水泥混凝土垫层兼面层强度等级不应小于 C15	检查配合比通知单及检测报告	楼梯踏步的宽度、高度应符合设计要求。楼层梯段相邻踏步高度差不应大于 10 mm,每踏步两端宽度差不应大于 10 mm;旋转楼梯梯段的每踏步两端宽度的允许偏差为 5 mm。楼梯踏步的齿角应整齐,防滑应顺直	观察检查和钢尺检查
	面层与下一层应结合牢固,无空鼓、裂纹	用小锤轻击检查	水泥混凝土面层的允许偏差应符合表 5-4	
水泥砂浆面层	水泥采用硅酸盐水泥、普通硅酸盐水泥,其强度等级不应小于 32.5,不同品种、不同强度等级的水泥严禁混用;砂应为中粗砂,当采用石屑时,其粒径应为 1~5 mm,且含泥量不应大于 3%	观察检查和检查材质合格证明文件及检测报告	面层表面的坡度应符合设计要求,不得有倒泛水和积水现象	观察检查和采用泼水或用坡度尺检查
			面层表面应洁净,无裂纹、脱皮、麻面、起砂等缺陷	观察检查
			踢脚线与墙面应紧密结合,高度一致,出墙厚度均匀	用小锤轻击检查,观察检查和钢尺检查

项次	主控项目	检验方法	一般项目	检验方法
水磨石面层	水泥砂浆面层的体积比(强度等级)必须符合设计要求；且体积比应为1：2，强度等级不应小于M15	观察检查和检查配合比通知单及检测报告	楼梯踏步的宽度、高度应符合设计要求。楼层梯段相邻踏步高度差不应大于10 mm，每踏步两端宽度差不应大于10 mm；旋转楼梯段的每踏步两端宽度的允许偏差为5 mm。楼梯踏步的齿角应整齐，防滑条应顺直	观察检查和钢尺检查
	面层与下一层应结合牢固，无空鼓、裂纹	用小锤轻击检查	水泥砂浆面层的允许偏差应符合表5-4	
	水磨石面层的石粒，应采用坚硬可磨的白云石、大理石等岩石加工而成，石粒应洁净无杂物，其粒径除特殊要求外应为6～15 mm；水泥强度等级不应小于32.5；颜料应采用耐光耐碱的矿物原料，不得使用酸性颜料	观察检查和检查材质合格证明文件	面层与表面应光滑，无明显裂纹砂眼和磨纹；石粒密实，显露均匀；颜色图案一致，不混色；分格条牢固、顺直和清晰	观察检查
			踢脚线与墙面应紧密结合，高度一致，出墙厚度均匀	用小锤轻击检查，观察检查和钢尺检查
	水磨石面层拌合料的体积比应符合设计要求，且为1：1.5～1：2.5(水泥：石粒)	检查配合比通知单和检测报告	楼梯踏步的宽度、高度应符合设计要求。楼层梯段相邻踏步高度差不应大于10 mm，每踏步两端宽度差不应大于10 mm；旋转楼梯梯段的每踏步两端宽度的允许偏差为5 mm。楼梯踏步的齿角应整齐，防滑条应顺直	观察检查和钢尺检查
	面层与下一层结合应牢固，无空鼓、裂纹	用小锤轻击检查	磨石面层的允许偏差应符合表5-4	
水泥钢(铁)屑面层	水泥强度等级不应小于32.5；钢(铁)屑的粒径应为1～5 mm；钢(铁)屑中不应有其他杂质，使用前应去油除锈，冲洗干净并干燥	观察检查和检查材质合格证明文件及检测报告	面层表面坡度应符合设计要求	用坡度尺检查
			面层表面不应有裂纹、脱皮、麻面等缺陷	观察检查
	面层和结合层的强度等级必须符合设计要求，面层抗压强度不应小于40 MPa；结合层体积比为1：2(相应的强度等级不应小于M15)	观察检查和检查材质合格证明文件	踢脚线与墙面应结合牢固，高度一致，出墙厚度均匀	用小锤轻击检查，观察检查和钢尺检查
	面层与下一层结合必须牢固，无空鼓	用小锤轻击检查	水泥钢(铁)屑面层的允许偏差应符合表5-4	
防油渗面层、不发火(防爆的)面层，忽略				

表 5-4 整体面层的允许偏差和检验方法见表

项次	项目	水泥混凝土	水泥砂浆面层	水磨石面层	水泥钢(铁)屑面层	防油渗面层	不发火(防爆的)面层	检验方法
1	表面平整度	5	4	3	2	4	5	用 2 靠尺和楔形塞尺检查
2	踢脚线上口平直	4	4	3	3	4	4	拉线和用钢尺检查
3	缝格平直	3	3	3	2	3	3	

5.2.3 块板面层工程

块板面层工程包括以下内容：

(1) 板块面层是用生产厂家定型生产的板块材料，在施工现场进行铺设和粘贴而成。装饰工程中常用的有：砖面层(陶瓷锦砖、缸砖、陶瓷地砖和水泥花砖面层)、大理石面层和花岗石面层、预制板块面层(水泥混凝土板块、水磨石板块面层)、料石面层(条石、块石面层)、塑料板面层、活动地板面层、地毯面层。

(2) 板块面层检验批划分和抽查数量同基层铺设。

(3) 板块的主控项目、一般项目及检验方法见表 5-5。板块面层的允许偏差和检验方法见表 5-6。

表 5-5 板块面层的主控项目、一般项目及检验方法

项次	主控项目	检验方法	一般项目	检验方法
砖面层	面层所用的板块的品种、质量必须符合设计要求	观察检查和检查材质合格证明文件及检测报告	砖面层的表面应洁净、图案清晰、色泽一致、接缝平整、深浅一致、周边顺直；板块无裂纹、掉角和缺棱等缺陷	观察检查
			面层邻接边的镶边用料及尺寸应符合设计要求，边角整齐、平整光滑	观察检查和钢尺检查
			踢脚线表面应洁净、高度一致、结合牢固、出墙厚度一致	用小锤轻击检查，观察检查和钢尺检查
	面层与下一层的结合(黏结)应牢固，无空鼓	用小锤轻击检查	楼梯踏步和台阶板块的缝应一致、齿角整齐；楼层梯段相邻踏隙宽度步高度差不应大于 10 mm，防滑条顺直	观察检查和钢尺检查
			面层表面的坡度应符合设计要求，不倒泛水、积水；与地漏、管道结合处应严密牢固，无渗漏	观察检查和采用泼水或坡度尺及蓄水试验检查
			砖面层的允许偏差应符合表 5-6 的规定	

续表一

项次	主控项目	检验方法	一般项目	检验方法
大理石、花岗石面层	大理石、花岗石面层所用板块的品种、质量应符合设计要求	观察检查和检查材质合格记录	大理石、花岗石面层的表面应洁净、平整、无磨痕，且图案清晰、色泽一致、接缝均匀、周边顺直、镶嵌正确；板块无裂纹、掉角、缺棱等缺陷	观察检查
			踢角线表面应洁净、高度一致、结合牢固，出墙厚度一致	用小锤轻击检查，观察检查和钢尺检查
			楼梯踏步和台阶板块的缝隙宽度应一致、齿角整齐，楼层梯段相邻踏步高度差不应大于 10 mm，防滑条顺直	观察检查和钢尺检查
	面层与下一层结合牢固，无空鼓	用小锤轻击检查	面层表面的坡度应符合设计要求，不倒泛水、无积水；与地漏、管道结合处应严密牢固，无渗漏	观察检查和采用泼水或用坡度尺及蓄水试验检查
			大理石和花岗石面层(或碎石拼大理石、石)的允许偏差应符合表 5-6 的规定	
预制板面层	预制板的强度等级、规格、质量应符合设计要求；水磨石板块尚应符合国家现行行业标准《建筑水磨石制品》JC 507 的规定	观察检查和检查材质合格证明文件及检测报告	预制板表面应无裂缝、掉角、翘曲等明显缺陷	观察检查
			预制板块面层应平整洁净、图案清晰、色泽一致、接缝均匀、周边顺直、镶嵌正确	观察检查
			面层邻接处的壤边用料尺寸应符合设计要求，边角整齐、光滑	观察检查和钢尺检查
	面层与下一层应结合牢固，无空鼓	用小锤轻击检查	踢脚线表面应洁净、高度一致、结合牢固，出墙厚度一致	用小锤轻击检查，观察检查和钢尺检查
			楼梯踏步和台阶板块的缝隙宽度应一致、齿角整齐；楼层梯段相邻踏步高度差不应大于 10 mm，防滑条应顺直	观察检查和钢尺检查
			预制板面层的允许偏差应符合表 5-6 的规定	
料石面层	面层材质应符合设计要求，条石的强度等级应大于 MU60；块石的强度等级应大于 MU30	观察检查和检查材质合格证明文件及检测报告	条石面层应组砌合理、无十字缝，铺砌方向和坡度应符合设计要求；块石面层石料缝隙应相互错开，通缝不超过两块石料	观察检查，用坡度尺检查

项次	主控项目	检验方法	一般项目	检验方法
料石面层	面层与下一层应结合牢固，无松动	观察检查，用小锤轻击检查	条石面和层块石面层的允许偏差应符合表 5-6 的规定	
塑料板面层	塑料板面层所用的塑料板块和卷材的品种、规格、颜色、等级应符合设计要求和国家规定	观察检查和检查材质合格证明文件及检测报告	塑料板面层应表面洁净、图案清晰、色泽一致、接缝严密、美观。拼缝处的图案，花纹吻合，无胶痕；与墙边交接严密，阴阳角收边方正	观察检查
			板块的焊接、焊缝应平整、光洁，无焦化变色、斑点、焊瘤和起鳞等缺陷，其凹凸允许偏差为±0.6 mm；焊缝的抗拉强度不得小于塑料板强度的 75%	观察检查，检查检测报告
	面层与下一层应结合牢固，不翘边、不脱皮、无溢胶	观察检查，用小锤轻击及钢尺检查	镶边用料尺准确、边角整齐、拼缝严密、接缝顺直	用钢尺检查，观察检查
			塑料板面层的允许偏差应符合表 5-6 的规定	
活动地板	面层材质应符合设计要求，具有耐磨、防潮、阻燃、耐污染、耐老化和导静电特点	观察检查和检查材质合格证明文件及检测报告	活动地板面层应排列整齐、表面洁净、色泽一致、接缝均匀、周边顺直	观察检查
	活动地板面层应无裂纹、掉角和缺棱等缺陷	观察检查和脚踩检查	活动地板面层的允许偏差应符合表 5-6 的规定	
地毯面层	地毯的品种、规格、颜色、花色、胶料和辅料及其材质必须符合设计要求和国家现行地毯产品标准的规定	观察检查和检查材质合格记录	地毯表面不应起鼓、起皱、翘边、卷边、显拼缝、露线和无毛边，绒面毛顺光一致，毯面干净，无污染和损伤	观察检查
	地毯表面应平服，拼缝处粘贴牢固、严密平整、图案吻合	观察检查	地毯同其他面层连接处、收口处和墙边、柱子周围应顺直、压紧	观察检查

表 5-6　板块面层表面的允许偏差和检验方法

项次	项目	块石	条石	陶瓷锦砖、地砖	缸砖	水泥砖	水磨石	塑料	水泥混凝土块状	碎拼花大理石、花岗石	活动地板	检验方法
1	表面平整度	10.0	10.0	2.0	4.0	3.0	3.0	2.0	4.0	3.0	2.0	用 2 靠尺和楔形塞尺检查
2	缝格平直	8.0	8.0	3.0	3.0	3.0	3.0	3.0	3.0	—	2.5	拉 5 m 线和用钢尺检查
3	接缝高低差	—	2.0	0.5	1.5	0.5	1.0	0.5	1.5	—	0.4	用钢尺、楔形塞尺检查
4	踢脚线上口平直	—	—	3.0	4.0		4.0	2.0	4.0	1.0		拉 5 m 线和用钢尺检查
5	板块间隙宽度	—	5.0	2.0	2.0	2.0	2.0	—	6.0	—	0.3	用钢尺检查

5.2.4　木、竹面层工程

1. 木地板的常用品种

常用的木地板包括实木地板面层(条材、块材面层)、实木复合地板面层(条材、块材面层)、中密度(强化)复合地板面层(条材面层)、竹地板面层。

2. 木与竹面层试验和见证

木、竹地板面层下的木搁栅、垫木、毛地板等采用木材的树种、选材标准和铺设时木材的含水率以及防腐、防蛀处理等,均应符合现行国家标准《木结构工程施工质量验收规范》GB 50206 的有关规定。所选用的材料,进场时应对其断面尺寸、含水率等主要技术指标进行抽检,抽检数量应符合产品标准的规定。

要求施工单位提交的资料有:原材料出厂合格证及进场检(试)验报告及见证检测报告;安全和功能检验(检测)报告;胶粘剂检测报告,胶粘剂应符合国家规范《民用建筑工程室内环境污染控制规范》(GB 50325)的规定;胶粘剂产品按基层材料和面层材料使用的相容性试验。

实木地板、实木复合地板、中密度(强化)复合地板、竹地板的技术等级及质量要求采用观察检查和检查材质合格证明文件及检测报告的检验方法进行检验。

对重要的材料,监理人员必须进行平行检验。平行检验项目数可为施工质量验收规范要求的数量的 20%,也可按监理合同中的规定要求执行。

检(试)验的见证的数量一般为检(试)验项目总数的 35%~45%。见证时主要观察检查在采取试样时,是否按规定的部位、数量及采选的操作要求进行。材料试验项目是否齐全,是否按规定试验方法进行等。木板一般试验项目为含水率;其他试验项目为顺纹抗压、抗拉、抗剪等强度。

3. 木、竹面层验收

建筑地面工程的木、竹面层铺设在水泥类基层上，其基层表面应坚硬、平整、洁净、干燥、不起砂，与厕浴间、厨房等潮湿场所相邻。木、竹面层连接处应做防水(防潮)处理。

木、竹面层搁栅下架空结构层(或构造层)的质量检验，应符合相应国家标准和规范、规定。

木、竹面层的通风构造层包括室内通风沟、室外通风窗等，均应符合设计要求。

木、竹面层检验批划分和抽查数量同基层铺设工程。

木、竹面层的主控项目、一般项目及检验方法见表5-7。

木、竹面层表面的允许偏差和检验方法见表5-8。

表5-7 木、竹面层的主控项目、一般项目及检验方法表

项次	主控项目	检验方法	一般项目	检验方法
实木地板面层	实木地板面层所采用的条材和块材，其技术等级及质量要求应符合设计要求。木搁栅、垫木和毛地板等必须做防腐、防潮处理	观察检查和检查及材质合格证明文件检测报告	实木地板面层应刨平、磨光，无明显刨痕和毛刺等，图案清晰，颜色均匀一致	观察、手摸、脚踏检查
	木搁栅安装应牢固、平直	观察、脚踏检查	面层缝隙应严密；接头号位置应错开，表面洁净	观察检查
			拼花地板接缝应对齐，粘、钉严密；缝隙宽度均匀一致，表面洁净，胶粘无溢胶	观察检查
	面层铺设应牢固，粘贴无空鼓	观察、脚踏检查和用小锤轻击检查	踢脚线表面光滑，接缝严密，高度一致	观察检查和钢尺检查
			实木地板面层的允许偏差应符合表5-8的规定	
实木复合地板面层	实木复合地板面层所采用的条材和块材，其技术等级及质量要求应符合设计要求。木搁栅、垫木和毛地板等必须做防腐、防蛀处理	观察检查	实木复合地板面层图案和颜色应符合设计要求，图案清晰、颜色一致，板面无翘曲	观察检查和用2靠尺、楔形塞尺检查
	木搁栅安装应牢固、平直	观察、脚踩检查	面层接头应错开，缝隙严密、表面洁净	观察检查
	面层铺设应牢固，粘贴无空鼓	观察、脚踏检查或用小锤轻击检查	踢脚线表面光滑，接缝严密，高度一致	观察检查和钢尺检查
			实木复合地板面层的允许偏差应符合表5-8的规定	
中密度(强化)复合地板面层	中密度(强化)复合地板面层所采用的材料，其技术等级及质量要求应符合设计要求。木搁栅、垫木和毛地板等应做防腐、防蛀处理	观察检查和检查材质合格证明文件及检测报告	中密度(强化)复合地板面层图案和颜色应符合设计要求，图案清晰、颜色一致，板面无翘曲	观察检查和用2靠尺、楔形塞尺检查
			面层接头应错开，缝隙严密、表面洁净	
	木搁栅安装应牢固、平直	观察、脚踏或用小锤轻击检查	踢脚线表面光滑，接缝严密，高度一致	观察检查和钢尺检查
	面层铺设应牢固，粘贴无空鼓		中密度(强化)复合地板面层的允许偏差应符合表5-8的规定	

表 5-8　木、竹面层的表面的允许偏差和检验方法

项次	项目	实木地板面层			实木复合、中密度(强化)复合地板、竹木	检验方法
		松木	硬木	拼花		
1	板面缝隙宽度	1.0	0.5	0.2	0.5	用钢尺检查
2	表面平整度	3.0	2.0	2.0	2.0	用 2 靠尺和楔形塞尺检查
3	踢脚线上口平直	3.0	3.0	3.0	3.0	拉 5 m 线和用钢尺检查
4	板面拼缝平直	3.0	3.0	3.0	3.0	
5	相邻板材高差	0.5	0.5	0.5	0.5	用钢尺、楔形塞尺检查
	踢脚线与面层的接缝	1.0				用楔形塞尺检查

5.3　抹 灰 工 程

抹灰工程是用灰浆涂抹在房屋建筑的墙、地、顶棚表面上的一种传统做法的装饰工程。我国有些地区把它习惯地叫做"粉刷"或"粉饰"。

1. 抹灰工程分类

按施工部位可以分为室内抹灰和室外抹灰。按使用材料和效果不同可分为一般抹灰和装饰抹灰。一般抹灰是指用石灰砂浆、水泥砂浆、水泥混合砂浆、聚合物水泥砂浆、膨胀珍珠岩水泥砂浆和麻刀石灰、纸筋石灰、石灰膏等材料的抹灰。根据质量要求和工序不同，一般抹灰可以分为高级抹灰和普通抹灰。装饰抹灰又可分为砂浆装饰抹灰和石碴装饰抹灰。砂浆装饰抹灰主要有假面砖、人造大理石、外墙喷涂、机喷石屑等；石碴装饰抹灰主要指水刷石、水磨石、斩假石、干粘石、粘彩色瓷粒、喷石及彩釉砂等抹灰工程。

2. 一般抹灰工程施工条件及施工工艺

1) 施工条件

一般抹灰的抹灰层平均总厚度如下：

(1) 顶棚：板条、空心砖、现浇混凝土≮15 mm；预制混制品≮18 mm，金属网≮20 mm；

(2) 内墙：普通抹灰≮18 mm，高级抹灰≮25 mm；

(3) 外墙≮20 mm，勒脚及突出墙面部分≮25 mm；

(4) 石墙≮35 mm。

2) 施工工艺

(1) 内墙抹灰工艺流程：浇水湿润基层—找规矩、做灰饼—设置标筋—阳角做护脚，抹底灰、中层灰—抹窗台、踢脚板(或)墙裙—抹面层灰—清理—验收合格。

(2) 外墙抹灰工艺流程：浇水湿润基层—找规矩、做灰饼、标筋—抹底灰、中层灰—格线—抹面层灰—起分格条—养护—验收合格。

(3) 顶棚抹灰工艺流程：弹水平线—浇水湿润—刷结合层—抹底灰、中层灰—抹面—

验收合格。

3. 抹灰工程试验与见证

抹灰工程中使用的水泥应进行凝结时间和安定性的复验。进场水泥按同批号每 400 t 为一批，见证取样送样，每一批取 12 kg 为一组试样，取样方法是从不同部位至少 15 袋或 15 处水泥中抽取。

4. 抹灰工程验收

抹灰工程按《建筑装饰装修工程质量验收规范》GB 50210—2001 中的一项子分部工程进行验收。

抹灰工程各分项工程，相同材料、工艺和施工条件的室外抹灰工程每 500～1000 m² 应划分为一个检验批，不足也应划分为一个检验批。相同材料、工艺和施工条件的室内抹灰工程每 50 个自然间(大面积房间和走廊按抹灰面积 30 m² 为一间)应划分为一个检验批，不足 50 间也应划分为一个检验批。

抹灰工程验收抽查数量：室内每个检验批应至少抽查 10%，并不得少于 3 间；不足 3 间时应全数检查。室外每个检验批每 100 m² 应至少抽查一处，每处不得小于 10 m²。

5.3.1　一般抹灰的控制项目

一般抹灰工程的要求具体如下：

(1) 一般抹灰工程的表面质量应符合下列规定：

① 普通抹灰表面应光滑、洁净，接搓平整，分格缝应清晰。

② 高级抹灰表面应光滑、洁净，颜色均匀，无抹纹，分格缝和灰线应清晰美观。检验方法为观察和手摸检查。

③ 护角、孔洞、槽、盒周围的抹灰表面应整齐、光滑；管道后面的表面应平整。检验方法为观察。

④ 抹灰层的总厚度应符合设计要求；水泥砂浆不得抹在石灰砂浆层上，罩面石膏灰不得抹在水泥砂浆层上。检验方法为检查施工记录。

⑤ 抹灰分格缝的设置应符合设计要求，宽度和深度应均匀，表面应光滑，棱角应整齐。检验方法为观察和尺量检查。

⑥ 有排水要求的部位应做滴水线(槽)。滴水线(槽)应整齐顺直、内高外低，宽度和深度均不应小于 10 mm。检验方法为观察和尺量检查。

(2) 一般抹灰的允许偏差和检验方法见表 5-9。

表 5-9　一般抹灰的允许偏差和检验方法

项次	项目	允许偏差/mm		检验员方法
		普通抹灰	高级抹灰	
1	立面垂直度	4	3	用 2 m 垂直尺和塞尺检查
2	表面平整度	4	3	用 2 m 靠尺和塞尺检查
3	阴阳角方正	4	3	用直角检测尺检查
4	分格条(缝)直线度	4	3	拉 5 m 线，不足 5 m 拉通线，用钢直尺检查
5	墙裙、勒脚上口直线	4	3	拉 5 m 线，不足 5 m 拉通线，用钢直尺检查

5.3.2　装饰抹灰的质量控制项目

装饰抹灰工程的要求具体如下：

(1) 装饰抹灰工程的表面质量应符合下列规定：

① 水刷石表面应石粒清晰、分布均匀、紧密平整、色泽一致，应无掉粒和接搓痕迹。

② 斩假石表面剁纹应均匀顺直、深浅一致，应无漏剁处；阳角处应横剁并留出宽窄一致的不剁边条，棱角应无损坏。

③ 干粘石表面应色泽一致，不露浆、不漏粘，石粒应黏结牢固、分布均匀，阳角处应无明显黑边。

④ 假面砖表面应平整，沟纹清晰，留缝整开，色泽一致，应无掉角、脱皮、起砂等缺陷。检验方法为观察和手摸检查。

⑤ 装饰抹灰分格条(缝)的设置应符合设计要求。宽度和深度应均匀，表面应平整光滑，棱角应整齐。检验方法为观察。

⑥ 有排水要求的部位应做滴水线(槽)。滴水线(槽)应整齐顺直、内高外低，宽度和深度均不应小于 10 mm。检验方法为观察和尺量检查。

(2) 装饰抹灰的主控项目。

① 抹灰前基层表面的尘土、污垢、油渍等应清除干净，并应洒水润湿。检验方法为检查施工记录。

② 装饰抹灰工程所用材料的品种和性能应符合设计要求。水泥的凝结时间和安定性复验应合格。砂浆的配合比应符合设计要求。检验方法为检查产品合格证书、进场验收记录、复验报告和施工记录。

③ 抹灰工程应分层进行。当抹灰总厚度大于或等于 35 mm 时，应采取加强措施。不同材料基体交接处表面的抹灰，应采取防止开裂的加强措施，当采用加强网时，加强网与各基体的搭接宽度不应小于 100 mm。检验方法为检查隐蔽工程验收记录和施工记录。

④ 各抹灰层之间及抹灰层与基体之间必须黏结牢固，抹灰层应无脱层、空鼓和裂缝。检验方法为观察，用小锤轻击检查，检查施工记录。

(3) 装饰抹灰的允许偏差和检验方法见表 5-10。

表 5-10　装饰抹灰的允许偏差和检验方法

项次	项目	允许偏差/mm				检验员方法
		水刷石	斩假石	干粘石	假面砖	
1	立面垂直度	5	4	5	5	用 2 m 垂直检验尺检查
2	表面平整度	3	3	3	4	用 2 m 靠尺和塞尺检查
3	阳角方正	3	3	3	4	用直角检测尺检查
4	分格条(缝)直线度	3	3	3	3	拉 5 m 线，不足 5 m 拉通线，用钢直尺检查
5	墙裙、勒脚上口直线度	3	3	—	—	拉 5 m 线，不足 5 m 拉通线，用钢直尺检查

5.3.3　清水砌体勾缝工程的控制项目

1. 主控项目

(1) 清水砌体勾缝所用水泥的凝结时间和安定性应合格。砂浆的配合比应符合设计要求。检验方法为检查复验报告和施工记录。

(2) 清水砌体勾缝应无漏勾。勾缝材料应黏结牢，无开裂。检验方法为观察。

2. 一般项目

(1) 清水砌体勾缝应横平竖直，交接处应平顺，度和深度应均匀，表面应压实抹平。检验方法为观察和尺量检查。

(2) 灰缝应颜色一致，砌体表面应洁净。检验方法为观察。

5.4　门　窗　工　程

门和窗的制作及安装通常称为门窗工程。建筑装饰工程中所用的门窗，按材质分为木门窗、金属门窗、塑料门窗、特殊门窗以及配件料；按其功能可分为普通门窗、保温门窗、隔声门窗、防火门窗、防爆门等；按其结构形式可分为推拉门窗、平开门窗、弹簧门窗、自动门窗等。本节按材质分类来讲述门窗工程的监理控制工作内容。

(1) 门窗工程验收。按《建筑装饰装修工程质量验收规范》GB 50210—2001 中的一项子分部工程进行验收。

(2) 门窗工程各分项工程，同一品种、类型和规格的木门窗、金属门窗、塑料门窗及门窗玻璃每 100 樘应划分为一个检验批，不足 100 樘也应划分为一个检验批；同一品种、类型和规格的特种门每 50 樘应划分为一个检验批，不足 50 樘也应划分为一个检验批。

(3) 门窗工程验收检查数量：木门窗、金属门窗、塑料门窗及门窗玻璃，每个检验批应至少抽查 5%，并不得少于 3 樘，不足 3 樘时应全数检查；高层建筑的外窗，每个检验批至少 10%，并不得少于 6 樘，不足 6 樘时应全数检查；特种门每个检验批应至少抽查 50%，并不得少于 10 樘，不足 10 樘时应全数检查。

(4) 门窗制作与安装工程各分项工程主控项目、一般项目及检验方法见表 5-11。

表 5-11　门窗工程的主控项目、一般项目及检验方法表

项次	主控项目	检验方法	一般项目	检验方法
木门窗的制作与安装工程	木门窗的木材品种、材质等级、规格、尺寸、框扇的线型及人造木板的甲醛含量应符合设计要求。设计未规定材质等级时，所用木材的质量应符合《建筑装饰装修工程质量验收规范》(GB 50210-2001)附录A 的规定	观察，检查材料进场验收记录和复验报告	木门窗表面应洁净，不得有刨痕、锤印	观察

续表一

项次	主控项目	检验方法	一般项目	检验方法
木门窗的制作与安装工程	木门窗应用烘干的木材，含水率应符合《建筑木门木窗》JG/T 122 规定	检查材料进场验收记录	木门窗的割角、拼缝应严密平整；门窗框、扇裁口应顺直，刨面应平整	观察
	木门窗的防火、防腐、防虫处理应符合设计要求	观察，检查材料进场验收记录	木门窗的槽、孔应边缘整齐，无毛刺	观察
	木门窗的结合处和安装配件处不得有木节或已填补的木节。木门如果有允许限值以内的死节及直径较大的虫眼时，应用同一材质的木塞加胶填补。对于清漆制品，木塞的木纹和色泽应与制品一致	观察	木门窗与墙体间缝隙间缝隙的填嵌材料应符合设计要求，填嵌应饱满。寒冷地区外门窗(或门窗框)与砌体间的空隙应填充保温材料	轻敲门窗框检查，检查隐蔽工程验收记录和施工记录
	门窗框和厚度大于50mm的门窗扇应用双榫连接。榫槽应采用胶料严密嵌合，并应用胶楔加紧	观察，手扳检查	木门窗批水、盖口条、压条、密封条的安装应顺直，门窗结合应牢固、严密	观察，手扳检查
	胶合板门、纤维板门和模压门不得脱胶。胶合板不得刨透表层单板，不得有戗槎。制作胶合板门、纤维板门时，边框和横棱应在同一平面上，面层、边框及横棱应加压胶结。横棱和上、下冒头应各钻两个以上的透气孔，透气孔应通畅	观察	木门窗制作的允许偏差和检验方法应符合表5-12 的规定。	
	木门窗的品种、类型、规格、开启方向、安装位置及连接方式应符合设计要求	观察，尺量、检查成品门产品合格证书	木门窗安装的留缝限值、允许偏差和检验方法应符合表5-13 的规定。	
	木门窗框的安装必须牢固。预埋木砖的防腐处理、木门窗框固定点的数量、位置及固定方法应符合设计要求	观察，手扳检查，检查隐蔽工程验收记录和施工记录		
	木门窗配件的型号、规格、数量应符合设计要求，安装应牢固，位置应正确，功能应满足使用要求	观察，开启和关闭检查，手扳检查		
金属门窗安装工程	金属门窗的品种、类型、规格、尺寸、性能、开启方向、安装位置、连接方式及铝合金门窗的型材壁厚应符合设计要求。金属门窗的防腐处理及填嵌、密封处理应符合设计要求	观察，尺量检查，检查产品合格证书、性能检测报告、进场验收记录和复验报告以及隐蔽工程验收记录	金属门窗的表面应洁净、平整、光滑，色泽一致，无锈蚀。大面应无划痕、碰伤。漆膜或保护层应连接	观察

项次	主控项目	检验方法	一般项目	检验方法
金属门窗安装工程	金属门窗框和副框的安装必须牢固。预埋件的数量、位置、埋设方式、与框的连接方式必须符合设计要求	手扳检查,检查隐蔽工程验收记录	铝合金门窗推拉门窗扇开关力应不大于 100 N	用弹簧秤检查
	金属门窗扇必须安装牢固,并应开关灵活,关闭严密,无倒翘。推拉门窗扇必须有防脱落措施	观察,开启和关闭检查,手扳检查	金属门窗框与墙体之间的缝隙应填嵌饱满,并采用密封胶密封。密封胶表面光滑、顺直,无裂纹	观察,轻敲门窗框,隐蔽工程验收记录
	金属门窗配件的型号、规格、数量应符合设计要求,安装应牢固,位置应正确,功能应满足使用要求	观察,开启和关闭检查,手扳检查	金属门窗扇的橡胶密封条或毛毡密封条应安装完好,不得脱槽	观察,开启和关闭检查
			有排水孔的金属门窗,排水孔应畅通,位置和数量应符合设计要求	观察
			钢门窗安装的留缝限值、允许偏差和检验符合表 5-14 的规定	
			铝合金门窗安装的允许偏差和检验方法应符合表 5-15 的规定	
			涂色镀锌钢板门窗安装的允许偏差和检验方法符合表 5-15 的规定	
塑料门窗安装工程	塑料门窗的品种、类型、规格、尺寸、开启方向、安装位置、连接方式及填嵌密封处理。检查产品合格证书、性能应符合设计要求,内衬增强型钢的壁厚及设置应符合国家产品标准的质量要求	观察,尺量检查,检查产品合格证书、性能检测报告、进场验收记录和复验报告以及隐蔽工程验收记录	塑料门窗表面应洁净、平整、光滑,大面应无划痕、碰痕	观察
	塑料门窗框、副框和扇的安装必须牢固。固定片或膨胀螺栓的数量与位置应正确,连接方式应符合设计要求。固定点应距窗角、中横框、中竖框 150～200 mm,固定点间距应不大于 600 mm	观察,手扳检查,检查隐蔽工程验收记录	塑料门窗扇的密封条不得脱槽。旋转窗间隙应基本均匀	
	塑料门窗拼樘料内衬增强型钢的规格、壁厚必须符合设计要求,型钢应与型材内腔紧密吻合,其两端必须与洞口固定牢固。窗框必须与拼樘料连接紧密,固定点间距应不大于 600 mm	观察,手扳检查,尺量检查,检查进场验收记录	塑料门窗扇的开关力应符合下列规定:平开门窗扇平铰链的开关力应不大于 80 N;滑撑铰链的开关力应不大于 80 N,并不小于 30 N;推拉门窗扇的开关力应不大于 100 N	观察,用弹簧秤检查

续表三

项次	主控项目	检验方法	一般项目	检验方法
塑料门窗安装工程	塑料门窗扇应开关灵活、关闭严密，无倒翘。推拉门窗扇必须有防脱落措施	观察，开启和关闭检查，手扳检查	玻璃密封条与玻璃及玻璃槽口的接缝应平整，不得卷边、脱槽	观察
	塑料门窗配件的型号、规格、数量应符合设计要求，安装应牢固，位置应正确，功能应满足使用要求	观察，手扳检查，尺量检查	排水孔应畅通，位置和数量应符合设计要求，不得卷堵	观察
	塑料门窗框与墙体间缝隙应采用闭孔弹性材料，填嵌饱满，表面应采用密封胶密封。密封胶应黏结牢固，表面应光滑、顺直，无裂纹	观察，检查隐蔽工程记录	塑料门窗安装允许偏差和检验符合表 5-16 的规定	

木门窗制作的允许偏差和检验方法见表 5-12。

表 5-12 木门窗制作的允许偏差和检验方法

项次	项 目	构件名称	允许偏差/mm 普通	允许偏差/mm 高级	检验方法
1	翘曲	框	3	2	将框、扇平放在检查台上，用塞尺量
		扇	2	2	
2	结角线长度差	框、扇	3	2	用钢尺检查，框量裁口里角，扇量外角
3	表面化平整度	扇	2	2	用 4 靠尺和塞尺检查
4	高度、宽度	框	0，−2	0，−1	用钢尺检查，框量裁口里角，扇量外角
		扇	+2，0	+1，0	
5	裁口、线条结合处高度差	框、扇	1	0.5	用钢尺检查，用塞尺检查
6	相邻棂子两端间距	扇	2	1	用钢尺检查

木门窗安装的留缝限值、允许偏差和检验方法见表 5-13。

表 5-13 木门窗安装的留缝限值、允许偏差和检验方法

项次	项 目	留缝限值/mm 普通	留缝限值/mm 高级	允许偏差/mm 普通	允许偏差/mm 高级	检验方法
1	门窗槽口对角线长度差			3	2	用钢尺检查
2	门窗框的正、侧面垂直度			2	1	用 1 m 垂直检测尺检查
3	框与扇、扇与扇接缝高低差					用钢尺检查和塞尺检查
4	门窗扇对口缝	1～2.5	1.5～2			用塞尺检查
5	工业厂房双扇大门对口缝	2～5				
6	门窗扇与上框间留缝	1～2	1～1.5			

续表

项次	项　目		留缝限值/mm		允许偏差/mm		检验方法
			普通	高级	普通	高级	
7	门窗扇与侧框间留缝		1～2.5	1～1.5			
8	窗扇与下框间留缝		2～3	2～2.5			
9	门窗扇与下框间留缝		3～5	3～4			
10	双层门窗内外框间距				4	3	用钢尺检查
11	无下框时门扇与地面间留缝	外门	4～7	5～6			用塞尺检查
		内门	5～8	6～7			
		卫生间门	8～12	8～10			
		厂房大门	10～12				

钢门窗安装的留缝限值、允许偏差和检验方法见表 5-14。

表 5-14　钢门窗安装的留缝限值、允许偏差和检验方法

项次	项　目		留缝限值/mm	允许偏差/mm	检验方法
1	门窗槽口对角线长度差	≤1500 mm		2.5	用钢尺检查
		>1500 mm		3.5	
2	门窗槽口对角线长度差	≤2000 mm		5	用钢尺检查
		>2000 mm		6	
3	门窗框的正侧面垂直度			3	用 1 m 垂直检测尺检查
4	门窗横框的水平度			3	用 1 水平检测尺和塞尺检查
5	门窗横框标高			5	用钢尺检查
6	双层竖向偏离中心			4	用钢尺检查
7	双层门窗内外框间距			5	用钢尺检查
8	门窗框、扇配合间隙		≤2		用钢尺检查
9	无下框量门窗与地面间留缝		48		用钢尺检查

铝合金门窗、涂色镀锌钢板门窗安装的允许偏差和检验方法见表 5-15。

表 5-15　铝合金门窗、涂色镀锌钢板门窗安装的允许偏差和检验方法

项次	项　目		铝合金门窗	涂色镀锌钢板门窗	检验方法
1	门窗槽口对角线长度差	≤1500 mm	1.5	2	用钢尺检查
		>1500 mm	2	3	
2	门窗槽口对角线长度差	≤2000 mm	3	4	用钢尺检查
		>2000 mm	4	5	
3	门窗框的正侧面垂直度		2.5	3	用 1 m 垂直检测尺检查
4	门窗横框的水平度		2	3	用 1 水平检测尺和塞尺检查
5	门窗横框标高		5	5	用钢尺检查
6	双层竖向偏离中心		5	5	用钢尺检查
7	双层门窗内外框间距		4	4	用钢尺检查
8	推拉门窗扇与框搭接量		1.5	2	用钢直尺检查

塑料门窗安装允许偏差和检验方法见表 5-16。

表 5-16　塑料门窗安装允许偏差和检验方法

项次	项目		允许偏差/mm	检验方法
1	门窗槽口宽度、高度	≤1500 mm	2	用钢尺检查
		>1500 mm	3	
2	门窗槽口对角线长度差	≤2000 mm	3	用钢尺检查
		>2000 mm	5	
3	门窗框的正侧面垂直度		3	用 1 m 垂直检测尺检查
4	门窗横框的水平度		3	用 1 水平检测尺和塞尺检查
5	门窗横框标高		5	用钢尺检查
6	双层竖向偏离中心		5	用钢直尺检查
7	双层门窗内外框间距		4	用钢尺检查
8	同樘平开门窗相邻高度差		2	用钢直尺检查
9	平开门窗铰链部位配合间隙		+2，−1	用塞尺检查
10	推拉门窗扇与框搭接量		+1.5，−2.5	用钢直尺检查
11	推拉门窗扇与竖框平行度		2	用 1 水平检测尺和塞尺检查

5.5　吊　顶　工　程

吊顶又称顶棚、天棚、天花，是屋面和楼板层下面的装饰层。

吊顶从它的形式上可以分为造型花饰或艺术吊顶和普通吊顶；从构造上可以分为暗龙骨吊顶、明龙骨吊顶；从基面材料上大致可以分为金属龙骨吊顶、木龙骨吊顶；而面层材料则从以前的灰板条，钢丝网粉刷发展到现代的纸面石膏板、矿棉板、胶合板、实木板、铝合金板、彩钢板、纤维板及塑铝板和玻璃等。

吊顶工程的主要质量控制项目为：吊顶标高、尺寸、起拱和造型应符合设计要求；饰面材料的材质、品种、规格、图案和颜色也应符合设计要求，安装必须牢固。

5.5.1　吊顶工程验收

吊顶工程验收要求如下：

(1) 吊顶工程按现行《建筑装饰装修工程质量验收规范》(GB 50210—2001)中的一项工程进行验收。

(2) 吊顶工程各分项工程，同一品种的吊顶工程每 50 间(大面积房间和走廊按吊顶工程面积 30 mm² 为一间)应划分为一个检验批，不足 50 间也应划分为一个检验批。

(3) 吊顶工程验收抽查数量：每个检验批应至少抽查 10%，并不得少于 3 间，不足 3 间时应全数检查。

5.5.2　明龙骨主控项目

明龙骨主控项目包括以下内容：

(1) 吊顶标高、尺寸、起拱和造型应符合设计要求。检验方法为观察和尺量检查。

(2) 饰面材料的材质、品种、规格、图案和颜色应符合设计要求。当饰面材料为玻璃板时，应使用安全玻璃或采取可靠的安全措施。检验方法为观察和检查产品合格证书、性能检测报告和进场验收记录。

(3) 饰面材料和安装应稳固严密。饰面材料与龙骨的搭接宽度应大于龙骨受力面宽度的 2/3。检验方法为观察，手扳检查和尺量检查。

(4) 吊杆、龙骨的材质、规格、安装间距及连接方式符合设计要求。金属吊杆、龙骨应进行表面防腐处理；木龙骨应进行防腐、防火处理。检验方法为观察和尺量检查，检查产品合格证书、进场验收记录和隐蔽工程验收记录。

(5) 明龙骨吊顶工程的吊杆和龙骨安装必须牢固。检验方法为手扳检查，检查隐蔽工程验收记录和施工记录。

5.5.3　明龙骨一般项目

明龙骨一般项目包括以下内容：

(1) 饰面材料表面应洁净，色泽一致，不得有翘曲、裂缝及缺损。饰面板与明龙骨的搭接应平整、吻合，压条应平直，宽窄一致。检验方法为观察和尺量检查。

(2) 饰面板上的灯具、烟感器、喷淋头、风口箅子等设备的位置应合理、美观，与饰面板的交接应吻合、严密。检验方法为观察检查。

(3) 金属龙骨的接缝应平整、吻合，颜色一致，不得有划伤、擦伤等表面缺陷。木质龙骨应平整、顺直，无劈裂。检验方法为观察检查。

(4) 吊顶内填充吸声材料的品种和铺设厚度应符合设计要求，并应有防散落措施。检验方法为检查施工记录和隐蔽工程验收记录。

(5) 明龙骨吊顶工程安装的允许偏差的检验方法：① 表面平整度，用 2 m 靠尺和塞尺检查；② 接缝直线度，拉 5 m 线，不足 5 m 拉通线，用钢直尺检查；③ 接缝高低差，用钢直尺和塞尺检查。

5.5.4　暗龙骨施工过程的质量控制

暗龙骨施工过程的质量控制应遵守以下规定：

(1) 吊顶标高、尺寸、起拱和造型应符合设计要求。

(2) 吊杆、龙骨和饰面材料的安装必须牢固。

(3) 吊杆、龙骨的材质、规格、安装间距及连接方式应符合设计要求。

(4) 金属吊杆、龙骨应经过表面防腐处理。木吊杆、龙骨应进行防腐、防火处理。吊杆距主龙骨端部距离不得小于 300 mm，吊杆应垂直，不得有斜拉现象。

(5) 石膏板的接缝应按其施工工艺标准进行板缝防裂处理。安装双层石膏板时，面层板与基层板的接缝应错开，不得在同一根龙骨上接缝。

(6) 重型灯具、电扇及其他重型设备严禁安装在吊顶工程的龙骨上。

5.5.5 暗龙骨质量检查验收

暗龙骨质量检查验收具体要求如下：

(1) 饰面材料表面应洁净，色泽一致，不应有翘曲、裂缝及缺损；压条应平直，宽窄一致。

(2) 饰面板上的灯具、烟感器、喷淋头、风口篦子等设备的位置应合理美观，与饰面板的交接应吻合、严密。

(3) 金属吊杆、龙骨的接缝应均匀一致，角缝应吻合，表面应平整，无翘曲、锤印；木质吊杆、龙骨应顺直，无劈裂、变形。

(4) 吊顶内填充吸声材料的品种和铺设厚度应符合设计要求。

(5) 吊顶工程应对人造木板的甲醛含量进行复验。

(6) 暗龙骨吊顶工程安装的允许偏差和检验方法应符合《建筑装饰装修工程质量验收规范》(GB 50210—2001)。

5.6 轻质隔墙工程

轻质隔墙是分隔建筑物内部空间的非承重构件。常用隔墙包括块材隔墙、板材隔墙、轻骨架隔墙、活动隔墙和玻璃隔墙。

1. 各分项工程的检验批

应按下列规定划分：同一品种的轻质隔墙工程每 50 间(大面积房间和走廊按轻质隔墙的墙面 30 m² 为一间)应划分为一个检验批，不足 50 间也应划分为一个检验批。

民用轻质隔墙工程的隔声性能应符合现行国家标准《民用建筑隔声设计规范》(GBJ 118)的规定。

2. 抽查数量

板材隔墙和骨架隔墙每个检验批应至少抽查 10%，并不得少于 3 间，不足 3 间时应全数检查；活动隔墙和玻璃隔墙每个检验批应至少抽查 20%，并不得少于 6 间，不足 6 间时应全数检查。

3. 轻质隔墙工程质量控制和一般规定

(1) 检查轻质隔墙工程的施工图、设计说明及其他设计文件和记录，其中包括隐蔽工程验收记录，材料的产品合格证书、性能检测报告、进场验收记录、复验报告和施工记录。

(2) 轻质隔墙工程应对人造木板的甲醛含量进行检验。

(3) 骨架隔墙中设备管线的安装及水管测压。

(4) 木龙骨防火、防腐处理。

(5) 预埋件或拉结筋。

(6) 龙骨安装。

(7) 填充材料的设置。

4. 轻质隔墙工程的允许偏差和检验方法

例如，板材隔墙安装的允许偏差和检验方法见表 5-17。

表 5-17　板材隔墙安装的允许偏差和检验方法

项次	项目	复合轻质墙质		石膏空心板	钢丝网水泥板	检验方法
		金属夹芯板	其他复合板			
1	立面垂直度	2	3	3	3	用 2 m 垂直检测尺检查
2	表面平整度	2	3	3	3	用 2 m 先靠尺和塞尺检查
3	阴阳角方正	3	3	3		用直角检测尺检查
4	接缝直线度	1	2	2	3	用钢直尺和塞尺检查

5.7　饰面板(砖)工程

饰面板工程常采用的石材有浆砌块石、天然花岗石、大理石和人造石材；陶瓷面砖主要包括釉面瓷砖、外墙面砖、陶瓷锦砖、陶瓷壁画、劈裂砖等；玻璃面砖主要包括玻璃锦砖、彩色玻璃面砖、釉面玻璃等；金属饰面板有钢板、铝板等品种；此外还有木材饰面板。

5.7.1　各分项工程的检验批

各分项工程的检验批应按下列规定划分：

(1) 相同材料、工艺和施工条件的室内饰面板(砖)工程每 50 间(大面积房间和走廊按施工面积 30 m² 为一间)应划分为一个检验批，不足 50 间也应划分为一个检验批。

(2) 相同材料、工艺和施工条件的室外饰面板(砖)工程每 500～1000 m² 应划分为一个检验批，不足 500 m² 也应划分为一个检验批。

5.7.2　饰面板主控项目

饰面板主控项目包括以下内容：

(1) 饰面板的品种、规格、颜色和性能应符合设计要求，木龙骨、木饰面板和塑料饰面板的燃烧性能等级应符合设计要求。检验方法为观察，检查产品合格证书、进场验收记录和性能检测报告。

(2) 饰面板孔、槽的数量、位置和尺寸应符合设计要求。检验方法为检查进场验收记录和施工记录。

(3) 饰面板安装工程的预埋件(或后置埋件)、连接件的数量、规格、位置、连接方法和防腐处理必须符合设计要求。后置埋件的现场拉拔强度必须符合设计要求。饰面板安装必须牢固。检验方法为手扳检查，检查进场验收记录、现场拉拔检测报告、隐蔽工程验收记录和施工记录。

5.7.3　饰面板一般项目

饰面板一般项目包括以下内容：

(1) 饰面板表面应平整、洁净，色泽一致，无裂痕和缺损。石材表面应无泛碱等污染。检验方法为观察。

(2) 饰面板嵌缝应密实、平直，宽度和深度应符合设计要求，嵌填材料色泽应一致。检验方法为观察，尺量检查。

(3) 采用湿作业法施工的饰面板工程，石材应进行了碱背涂处理。饰面板与基体之间的灌注材料应饱满、密实。检验方法为用小锤轻击检查和检查施工记录。

(4) 饰面板上的孔洞应套割吻合，边缘应整齐。检验方法为观察。

5.7.4 饰面砖主控项目

饰面砖主控项目包括以下内容：

(1) 饰面砖的品种、规格、图案颜色和性能应符合设计要求。检验方法为观察，检查产品合格证书、进场验收记录、性能检测报告和复验报告。

(2) 饰面砖粘贴工程的找平、防水、粘结和勾缝材料及施工方法应符合设计要求及国家现行产品标准和工程技术标准的规定。检验方法为检查产品合格证书、复验报告和隐蔽工程验收记录。

(3) 饰面砖粘贴必须牢固。检验方法为检查样板件黏结强度检测报告和施工记录。

(4) 满粘法施工的饰面砖工程应无空鼓、裂缝。检验方法为观察和用小锤轻击检查。

5.7.5 饰面砖一般项目

饰面砖一般项目包括以下内容：

(1) 饰面砖表面应平整、洁净、色泽一致，无裂痕和缺损。检验方法为观察。

(2) 阴阳角处搭接方式、非整砖使用部位应符合设计要求。检验方法为观察。

(3) 墙面突出物周围的饰面砖应整砖套割吻合，边缘应整齐。墙裙、贴脸突出墙面的厚度应一致。检验方法为观察和尺量检查。

(4) 饰面砖接缝应平直、光滑，填嵌应连续、密实，宽度和深度应符合设计要求。检验方法为观察和尺量检查。

(5) 有排水要求的部位应做滴水线(槽)。滴水线(槽)应顺直，流水坡向应正确，坡度应符合设计要求。检验方法为观察和用水平尺检查。

5.7.6 饰面板安装、饰面砖粘贴的允许偏差和检验方法

饰面板安装、饰面砖粘贴的允许偏差和检验方法见表 5-18 和表 5-19。

表 5-18　饰面板安装的允许偏差和检验方法

项次	项目	石材			瓷板	木材	塑料	金属	检验方法
		光面	剁斧石	蘑菇石					
1	立面垂直度	2	3	3	2	1.5	2	2	用 2 m 垂直检测尺检查
2	表面平整度	2	3	—	1.5	1	3	3	用 2 m 靠尺和塞尺检查
3	阴阳角方正	2	4	4	2	1.5	3	3	用直角检测尺检查
4	接缝直线度	2	4	4	2	1	1	1	拉 5 m 线，不足 5 m 拉通线，用钢直尺检查
5	墙裙、勒脚上口直线度	2	3	—	2	2	2	2	拉 5 m 线，不足 5 m 拉通线，用钢直尺检查
6	接缝高低差	0.5	3	—	0.5	0.5	1	1	用钢直尺和塞尺检查
7	接缝宽度	1	2	2	1	1	1	1	用钢直尺检查

表 5-19　饰面砖粘贴的允许偏差和检验方法

项次	项目	外墙面砖	内墙面砖	检验方法
1	立面垂直度	3	2	用 2 m 垂直检测尺检查
2	表面平整度	4	3	用 2 m 靠尺和塞尺检查
3	阴阳角方正	3	3	用直角检测尺检查
4	接缝干线度	3	2	拉 5 m 线，不足 5 m 拉通线，用钢直尺检查
5	接缝高低差	1	0.5	用钢直尺和塞尺检查
6	接缝宽度	1	1	用钢直尺检查

5.8　幕墙工程

由金属构件与各种板材组成的悬挂在主体结构上，不承担主体结构荷载与作用的建筑物外围护结构，称为建筑幕墙。幕墙又称悬吊板墙。

按建筑幕墙的面板可将其分为玻璃幕墙、金属幕墙、石材幕墙、混凝土幕墙及组合幕墙等；按建筑幕墙的安装形式又可将其分为散装建筑幕墙、半单元建筑幕墙、单元建筑幕墙、小单元建筑幕墙等。

幕墙工程质量控制和一般规定：

(1) 检查下列文件和记录。

① 幕墙工程的施工图、结构计算书、设计说明及其他设计文件。

② 幕墙工程所用各种材料、五金配件、构件及组件的产品合格证书、性能检测报告、进场验收记录和复验报告。

③ 幕墙工程所用硅酮结构胶的认定证书和抽查合格证明，进口硅酮结构胶的商检证，国家指定检测机构出具的硅酮结构胶相容性和剥离粘结性试验报告，石材用密封胶的耐污染性试验报告。

④ 后置埋件的现场拉拔强度检测报告。

⑤ 幕墙的抗风压性能、空气渗透性能、雨水渗漏性能及平面变形性能检测报告。

⑥ 打胶、养护环境的温度、湿度记录，双组份硅酮结构胶的混匀性试验记录及拉断试验记录。

⑦ 防雷装置测试记录。

⑧ 隐蔽工程验收记录。

⑨ 幕墙构件和组件的加工制作记录，幕墙安装施工记录。

(2) 幕墙工程应对下列材料及其性能指标进行复验：

① 铝塑复合板的剥离强度。

② 石材的弯曲度，寒冷地区石材的耐冻融性，室内用花岗石的放射性。

③ 玻璃幕墙用结构胶的邵氏硬度、标准条件拉伸粘结强度、相容性试验；石材用结构胶的粘结强度，石材用密封胶的污染性。

(3) 幕墙工程应对下列隐蔽工程项目进行验收：

① 预埋件(或后置埋件)。

② 构件的连接节点。

③ 变形缝及墙面转角处的构造节点。

④ 幕墙防雷装置。

⑤ 幕墙防火构造。

(4) 各分项工程的检验批应按下列规定划分：

① 相同设计、材料、工艺和施工条件的幕墙工程每 500～1000 m² 应划分为一个检验批，不足 500 m² 也应划分为一个检验批。

② 同一单位工程的不连续的幕墙工程应单独划分检验批。

③ 对于异型或有特殊要求的幕墙，检验批的划分应根据幕墙的结构、工艺特点及幕墙工程规模，由监理单位(或建设单位)和施工单位协商确定。

(5) 检查数量应符合下列规定：

① 每个检验批每 100 m² 应至少抽查一处，每处不得小于 10 m²。

② 对于异型或有特殊要求的幕墙工程，应根据幕墙的结构和工艺特点，由监理单位(或建设单位)和施工单位协商确定。

(6) 幕墙及其连接件应具有足够的承载力、刚度和相对于主体结构的位移能力。幕墙构架立柱的连接金属角码与其他连接件应采用螺栓连接，并应有防松动措施。

(7) 隐框、半隐框幕墙所采用的结构黏结材料必须是中性硅酮结构密封胶。其性能必须符合《建筑用硅酮结构密封胶》(GB 16776)的规定；硅酮结构密封胶必须在有效期内使用。

(8) 立柱和横梁等主要受力构件，其截面受力部分的壁厚应经计算确定，且铝合金型材壁厚不应小于 3.0 mm，钢型材壁厚不应小于 3.5 mm。

(9) 隐框、半隐框幕墙构件中板材与金属框之间硅酮结构密封胶的黏结宽度，应分别计算风荷载标准值和板材自重标准值作用下硅酮结构密封胶的黏结宽度，并取其较大值，且不得小于 7.0 mm。

(10) 幕墙的防火除应符合现行国家标准《建筑设计防火规范》(GBJ 16)和《高层民用建筑设计防火规范》(GB 50045)的有关规定外，还应符合下列规定：① 应根据防火材料的耐火极限决定防火层的厚度和宽度，并应在楼板处形成防火带。② 防火层应采取隔离措施。防火层的衬板应采用经防腐处理且厚度不小于 1.5 mm 的钢板，不得采用铝板。③ 防火层的密封材料应采用防火密封胶。④ 防火层与玻璃不应直接接触，一块玻璃不应跨两个防火分区。

(11) 主体结构与幕墙连接的各种预埋件，其数量、规格、位置和防腐处理必须符合设计要求。

(12) 金属框架与主体结构预埋件的连接、立柱与横梁的连接及幕墙面板的安装必须符合设计要求，安装必须牢固。

(13) 单元幕墙连接处和吊挂处的铝合金型材的壁厚应通过计算确定，并不得小于 5.0 mm。

(14) 幕墙的金属框架与主体结构应通过预埋件连接，预埋件应在主体结构混凝土施工时埋入，预埋件的位置应准确。当没有条件采用预埋件连接时，应采用其他可靠的连接措施，并应通过试验确定其承载力。

(15) 主柱应采用螺栓与角码连接，螺栓直径应经过计算，并不应小于 10 mm。不同金属材料接触时应采用绝缘垫片分隔。

(16) 幕墙的抗震缝、伸缩缝、沉降缝等部位的处理应保证缝的使用功能和饰面的完整性。

(17) 幕墙工程的设计应满足维护和清洁的要求。

5.9 涂 饰 工 程

涂饰工程是指采用机械设备或专用工具，经过喷、滚、刷、刮等工艺方法，将天然、化学合成的饰面物质涂饰在基体材料表面，使饰面物料在基体材料上形成紧密黏结的完整、美观的保护层(膜)。

涂饰工程的饰面涂料主要分为水性涂料和溶剂型涂料两大类。

1. 涂饰工程质量验收一般规定

(1) 涂饰工程验收时应检查相关文件和记录。

(2) 各分项工程的检验批应按规定划分。

① 室外涂饰工程每一栋楼的同类涂饰的墙面每 500~1000 m² 应划分为一个检验批，不足 500 m² 也应划分为一个检验批。

② 室内涂饰工程同类涂饰的墙面每 50 间(大面积房间和走廊按涂饰面积 30 m² 为一间)应划分为一个检验批，不足 50 间也划分为一个检验批。

(3) 检查数量应符合相关规定。

① 室外涂饰工程每 100 m² 应至少抽查一处，每处不得小于 10 m²。

② 室内涂饰工程每个检验批应至少抽查 10%，并不得少于 3 间；不足 3 间时应全数检查。

(4) 涂饰工程的基层处理应符合相应要求。如抗碱土封闭底漆、刷界面剂、控制基层含水率、打腻子。

2. 装饰涂饰工程的质量控制和检验方法

装饰涂饰工程的质量控制和检验方法分别见表 5-20、表 5-21、表 5-22、表 5-23、表 5-24。

表 5-20　薄涂料的涂饰质量和检验方法

项次	项　目	普通涂饰	高级涂饰	检验方法
1	颜色	均匀一致	均匀一致	观察
2	泛碱、咬色	允许少量轻微	不允许	
3	流坠、疙瘩	允许少量轻微	不允许	
4	砂眼、刷纹	允许少量轻微砂眼，刷纹通顺	无砂眼，无刷纹	
5	装饰线、分色线直线度允许偏差	2	1	拉 5 m 线，不足 5 m 拉通线，用钢直尺检查

表 5-21　厚涂料的涂饰质量和检验方法

项次	项　目	普通涂饰	高级涂饰	检验方法
1	颜色	均匀一致	均匀一致	
2	泛碱、咬色	允许少量轻微	不允许	观察
3	点状分布	—	疏密均匀	

表 5-22　复层涂料的涂饰质量和检验方法

项次	项　目	质量要求	检验方法
1	颜色	均匀一致	
2	泛碱、咬色	不允许	观察
3	喷点疏密程度	均匀，不允许连片	

表 5-23　色漆的涂饰质量和检验方法

项次	项　目	普通涂饰	高级涂饰	检验方法
1	颜色	均匀一致	均匀一致	观察
2	光泽、光滑	光泽基本均匀、光滑无挡手感	光泽均匀一致、光滑	观察、手摸检查
3	刷纹	刷纹通顺	无刷纹	观察
4	裹棱、流坠、皱皮	明显处不允许	不允许	观察
5	装饰线、分色线直线度允许偏差(mm)	2	1	拉 5 m 线，不足 5 m 拉通线，用钢直尺检查

表 5-24　清漆的涂饰质量和检验方法

项次	项　目	普通涂饰	高级涂饰	检验方法
1	颜色	基本一致	均匀一致	观察
2	木纹	棕眼刮平、木纹清楚	棕眼刮平、木纹清楚	观察
3	光泽、光滑	光泽基本均匀、光滑无挡手感	光泽均匀一致、光滑	观察、手摸检查
4	刷纹	无刷纹	无刷纹	观察
5	裹棱、流坠、皱皮	明显处不允许	不允许	观察

5.10　裱糊与软包工程

裱糊工程就是将壁纸、墙布用胶粘剂裱糊在结构基层的表面上。一般为室内装饰工程。常用的材料有普通壁纸、塑料壁纸、玻璃纤维墙布、无纺墙布、胶粘剂。

软包是指一种在室内墙表面用柔性材料加以包装的墙面装饰方法。除了美化空间的作用外，更重要的是它具有阻燃、吸音、隔音、防潮、防霉、抗菌、防水、防油、防尘、防污、防静电、防撞的功能。人造革、织锦缎墙面分为预制组装和现场组装两种。

5.10.1 裱糊工程的主控项目

裱糊工程的主控项目包括以下内容：

(1) 壁纸、墙布的种类、规格、图案、颜色和燃烧性能等级必须符合设计要求及国家现行标准的有关规定。

(2) 裱糊工程基层处理质量应符合《建筑装饰装修工程施工质量验收规范》第11.1.5条的要求：抹灰基层墙面在刮腻子前应涂刷抗碱封闭底漆。抹灰基层的含水率不得大于8%；木材基层的含水率不得大于12%。基层腻子应平整、坚实、牢固、无粉化、起皮和裂缝。抹灰立面垂直度为3 mm。抹灰表面平整度为3 mm。阴阳角方正为3 mm。基层表面颜色应一致。

(3) 裱糊后各幅度拼接应横平竖直，拼接处花纹、图案应吻合，不离缝，不搭接，不显拼缝。

(4) 壁纸、墙布应粘贴牢固，不得有漏贴、补贴、脱层、空鼓和翘边。

5.10.2 裱糊工程的一般项目

裱糊工程的一般项目包括以下内容：

(1) 裱糊后的壁纸、墙布表面应平整，色泽应一致，不得有波纹起伏、气泡、裂缝、皱折及斑污，斜视时应无胶痕。

(2) 复合压花壁纸的压痕及发泡壁纸的发泡层应无损坏。

(3) 壁纸、墙布与各种装饰线、设备线盒应交接严密。

(4) 壁纸、墙布边缘应平直整齐，不得有纸毛、飞刺。

(5) 壁纸、墙布阴角处搭接应顺光，阳角处应无接缝。

5.10.3 裱糊工程的质量标准和检验方法

检查数量：按有代表性的自然间抽查10%，过道按10延长米，厂房、礼堂等大间按两轴线为一间，不少于3间。裱糊工程的质量标准和检验方法见表5-25。

表5-25 裱糊工程的质量标准和检验方法

保证项目	质量要求				检验方法
	壁纸、墙布必须黏结牢固，无空鼓、翘边、皱折等缺陷				观察或用手轻触检查
基本项目	项次	项目	等级	质量要求	观察检查
	1	裱糊表面	合格	色泽一致，无斑污	
			优良	色泽一致，无斑污，无胶痕	
	2	各幅拼接	合格	横平竖直，图案端正，拼缝处图案、花纹基本吻合，阳角处无接缝	
			优良	横平竖直，图案端正，拼缝处图案、花纹吻合，距离1.5 m处正视不显拼缝，阴角处搭接顺光，阳角处无接缝	
	3	裱糊与挂镜线、踢脚板交接	合格	交接紧密，无漏贴，不糊盖需拆卸的活动件	
			优良	交接紧密，无缝隙，无漏贴和补贴，不糊盖需拆卸的活动件	

5.10.4　软包主控项目与一般项目以及允许偏差和检验方法

1. 主控项目

软包工程的主控项目包括以下内容：

(1) 软包的面料、内衬材料及边框的材质、颜色、图案、燃烧性能等级和木材的含水率应符合设计要求及国家现行标准的有关规定。

(2) 软包工程的安装位置及构造做法应符合设计要求。

(3) 软包工程的龙骨、衬板、边框应安装牢固，无翘曲，拼缝应平直。

(4) 单块软包面料不应有接缝，四周应绷压严密。

2. 一般项目

软包工程的一般项目包括以下内容：

(1) 软包工程表面应平整、洁净，无凹凸不平及皱折；图案应清晰、无色差，整体应协调美观。

(2) 软包边框应平整、顺直、接缝吻合。

3. 软包工程安装的允许偏差和检验方法

同一品种的裱糊软包工程每 50 间(大面积房间和走廊 30 m² 为一间)应划分为一个检验批，不足 50 间也应划分为一个检验批。裱糊工程每个检验批应至少抽查 10%，并不得少于 3 间，不足 3 间时应全数检查。软包工程每个检验批应至少抽查 20%，并不得少于 6 间，不足 6 间时应全数检查。

软包工程安装的允许偏差和检验方法见表 5-26。

表 5-26　软包工程安装的允许偏差和检验方法

项次	项　目	允许偏差/mm	检验方法
1	垂直度	3	用 1 m 垂直检测尺检查
2	边框宽度、高度	0，−2	用钢尺检查
3	对角线长度差	3	用钢尺检查
4	裁口、线条接缝高低差	1	用直尺和塞尺检查

5.11　细　部　工　程

细部工程包括橱柜制作与安装，窗帘盒、窗台板、散热器罩制作与安装，门窗套制作与安装，护栏和扶手制作与安装，花饰制作与安装。

5.11.1　橱柜制作与安装

1. 主控项目

橱柜制作与安装的主控项目包括以下内容：

(1) 橱柜制作与安装所用材料的材质和规格，木材的燃烧性能等级和含水率，花岗石的放射性及人造木板的甲醛含量应符合设计要求及国家现行标准的有关规定。检验方法为观察，检查产品合格证书、进场验收记录、性能检测报告和复验报告。

(2) 橱柜安装预埋件或后置埋件的数量、规格、位置应符合设计要求。检验方法为检查隐蔽工程验收记录和施工记录。

(3) 橱柜的造型、尺寸、安装位置、制作和固定方法应符合设计要求。橱柜安装必须牢固。检验方法为观察，尺量检查和手扳检查。

(4) 橱柜配件的品种、规格应符合设计要求。配件应齐全，安装应牢固。检验方法为观察，手扳检查，检查进场验收记录。

(5) 橱柜的抽屉和柜门应开关灵活、回位正确。检验方法为观察，开启和关闭检查。

2. 一般项目

橱柜制作与安装的一般项目包括以下内容：

(1) 橱柜表面应平整、洁净，色泽一致，不得有裂缝、翘曲及损坏。检验方法为观察。

(2) 橱柜裁口应顺直，拼缝应严密。检验方法为观察。

(3) 橱柜安装的允许偏差和检验方法应符合规定。

5.11.2　窗帘盒与窗台板以及散热器罩的制作与安装

1. 主控项目

窗帘盒与窗台板以及散热器罩制作与安装的主控项目包括以下内容：

(1) 窗帘盒、窗台板和散热器罩制作与安装所使用材料的材质和规格，木材的燃烧性能等级和含水率，花岗石的放射性及人造木板的甲醛含量应符合设计要求及国家现行标准的有关规定。检验方法为观察，检查产品合格证书、进场验收记录、性能检测报告和复验报告。

(2) 窗帘盒、窗台板和散热器罩的造型、规格、尺寸、安装位置和固定方法必须符合设计要求。窗帘盒、窗台板和散热器罩的安装必须牢固。检验方法为观察，尺量检查，手扳检查。

(3) 窗帘盒配件的品种、规格应符合设计要求，安装应牢固。检验方法为手扳检查，检查进场验收记录。

2. 一般项目

窗帘盒与窗台板以及散热器罩制作与安装的一般项目包括以下内容：

(1) 窗帘盒、窗台板和散热器罩表面应平整、洁净，线条顺直、接缝严密、色泽一致，不得有裂缝、翘曲及损坏。检验方法为观察。

(2) 窗帘盒、窗台板和散热器罩与墙、窗框的衔接应严密，密封胶缝应顺直、光滑。检验方法为观察。

(3) 窗帘盒、窗台板和散热器罩安装的允许偏差和检验方法应符合规定。

5.11.3　门窗套制作与安装

1. 主控项目

门窗套制作与安装的主控项目包括以下内容：

(1) 门窗套制作与安装所使用材料的材质、规格、花纹和颜色，木材的燃烧性能等级和含水率，花岗石的放射性及人造木板的甲醛含量应符合设计要求及国家现行标准的有关规定。检验方法为观察，检查产品合格证书、进场验收记录、性能检测报告和复验报告。

(2) 门窗套的造型、尺寸和固定方法应符合设计要求，安装应牢固。检验方法为观察，尺量检查，手扳检查。

2. 一般项目

门窗套表面应平整、洁净，线条顺直、接缝严密、色泽一致，不得有裂缝、翘曲及损坏。检验方法为观察。

5.11.4　护栏和扶手制作与安装

1. 主控项目

护栏和扶手制作与安装的主控项目包括以下内容：

(1) 护栏和扶手制作与安装所使用材料的材质、规格、数量和木材，塑料的燃烧性能等级应符合设计要求。检验方法为观察，检查产品合格证书、进场验收记录和性能检测报告。

(2) 护栏和扶手的造型、尺寸及安装位置应符合设计要求。检验方法为观察，尺量检查，检查进场验收记录。

(3) 护栏和扶手安装预埋件的数量、规格、位置以及护栏与预埋件的连接节点应符合设计要求。检验方法为检查隐蔽工程验收记录和施工记录。

(4) 护栏高度、栏杆间距、安装位置必须符合设计要求。护栏安装必须牢固。检验方法为观察，尺量检查，手扳检查。

(5) 护栏玻璃应使用公称厚度不小于 12 mm 的钢化玻璃或钢化夹层玻璃。当护栏一侧距楼地面高度为 5 m 及以上时，应使用钢化夹层玻璃。检验方法为观察，尺量检查，检查产品合格证书和进场验收记录。

2. 一般项目

护栏和扶手制作与安装的一般项目包括以下内容：

(1) 护栏和扶手转角弧度应符合设计要求，接缝应严密，表面应光滑，色泽应一致，不得有裂缝、翘曲及损坏。检验方法为观察，手摸检查。

(2) 护栏和扶手安装的允许偏差和检验方法应符合规定。

5.11.5　花饰制作与安装

1. 主控项目

花饰制作与安装的主控项目包括以下内容：

(1) 花饰制作与安装所使用材料的材质、规格应符合设计要求。检验方法为观察，检查产品合格证书和进场验收记录。

(2) 花饰的造型、尺寸应符合设计要求。检验方法：观察，尺量检查。

花饰的安装位置和固定方法必须符合设计要求，安装必须牢固。检验方法为观察，尺量检查，手扳检查。

2. 一般项目

花饰制作与安装的一般项目包括以下内容：

(1) 花饰表面应洁净，接缝应严密吻合，不得有歪斜、裂缝、翘曲及损坏。检验方法为观察。

(2) 花饰安装的允许偏差和检验方法应符合规定。

第六章　建设工程项目安全控制

【学习目标】　掌握建筑装饰工程安全监理编写依据、内容、实施细则；明确创建文明标化工地、开展"5S"活动的内容；了解建筑装饰工程的安全目标。

安全生产是党和国家的一贯方针和基本国策，是保护劳动者的安全和健康，促进社会生产力发展的基本保证，也是保证社会主义经济发展，进一步实行改革开放的基本条件。建筑工程项目监理中的安全控制就是通过有效控制施工中人为的冒险性、盲目性和随意性行为所造成不安全因素的发展，把可能发生的事故消灭在萌芽状态，预防是消除隐患的最佳途经，最终以安全第一、预防为主，实现重大伤亡事故为零，从而争创标化工地、优质工程。

6.1　安全监理内容与实施细则

6.1.1　事故的分类

1. 按事故严重程度分类

按严重程度可分为以下五种事故：

(1) 轻伤事故，指只有轻伤的事故。造成职工肢体伤残，或某些器官功能性器质性轻度损伤，表现为劳动能力轻度或暂时丧失的伤害。损失工作日低于 105 日。

(2) 重伤事故，指有重伤但无死亡的事故。指能引起人体长期存在功能障碍，或劳动能力有重大损失的伤害。损失工作日等于和超过 105 日。

(3) 死亡事故，指一次死亡 1～2 人的事故。

(4) 重大伤亡事故，指一次死亡 3～9 人的事故。

(5) 特大伤亡事故，指一次死亡 10 人以上的事故(包括 10 人)。

根据《<生产安全事故报告和调查处理条例>罚款处罚暂行规定》(总局令第 13 号)第十四条规定：事故发生单位对造成 3 人以下死亡，或者 3 人以上 10 人以下重伤(包括急性工业中毒)，或者 300 万元以上 1000 万元以下直接经济损失的事故负有责任的，处 10 万元以上 20 万元以下的罚款。

2. 按事故类别分类

按事故类别可分为物体打击、车辆伤害、机械伤害、起重伤害、触电、淹溺、灼烫、火灾、高处坠落、坍塌、冒顶片帮、透水、放炮、火药爆炸、瓦斯爆炸、锅炉爆炸、容器爆炸、其他爆炸、中毒和窒息、其他伤害。

3. 按是否实际发生损失分类

按是否实际发生损失可分为已遂事故和未遂事故或事故隐患。未遂事故和事故隐患虽然没有造成人员伤害或经济损失，但也是违背人们的意愿，其危险后果是隐藏的和不可估计的。未遂事故和事故隐患同已遂事故一样，也同样暴露出安全管理上的缺陷，严重事故的发生随时随地存在，这是生产因素状态控制的薄弱环节。因此，对待未遂事故，应当与发生事故一样，进行认真调查、科学分析、妥善处理。

6.1.2　安全监理编写依据

安全监理的编写依据如下：

(1) 安全监理委托合同。如确保市级争创省级国家级安全工程。

(2) 安全监理手册。

(3) 《中华人民共和国建筑法》。如第五章建筑安全生产管理，第四十九条：涉及建筑主体和承重结构变动的装修工程，建设单位应当在施工前委托原设计单位或者具有相应资质条件的设计单位提出设计方案；没有设计方案的，不得施工。

(4) 市政安监暂行办法。

(5) JGJ 59—99《建筑施工安全检查标准》。如第二十七条：建设工程施工前，施工单位负责项目管理的技术人员应当对有关安全施工的技术要求向施工作业班组、作业人员作出详细说明，并由双方签字确认。

(6) JGJ 46—88《施工现场临时用电安全技术规范》。如：配电箱与开关箱必须符合"三级配电两极保护"要求，开关箱(末级)需设置参数匹配的漏电保护装置。电箱内要设置隔离开关，坚决执行"一机、一闸、一漏、一箱"的原则，安置在适当的位置，清除周围杂物，避免操作不便等问题发生。

(7) JGJ 80—91《建筑施工高处作业安全技术规范》。如：攀登和悬空高处作业人员以及搭设高处作业安全设施的人员，必须经过专业技术培训及专业考试合格，持证上岗，并必须定期进行体格检查。

(8) JGJ 33—86《建筑机械使用作业安全技术规程》。如：电锯检查内容，防护挡板安全装置及月牙罩要符合要求，操作必须用单向开关，漏电保护器灵敏有效，接地接零保护可靠。

(9) 国家的安全生产方针，各级政府安全生产法规，行业安全生产规范性文件与技术规范和标准等。

6.1.3　安全监理内容

安全监理的内容具体如下：

(1) 审核承包单位安全资质。

(2) 监督安全生产协议书的签订与实施。

(3) 审核承包商编制安全技术措施并监督实施。

(4) 监督承包商按规定标准搭设安全设施。

(5) 监督施工过程中的人、机、环境的安全状态，督促承包商及时消除事故隐患。

(6) 定期开例会与安全检查，收集施工单位自检报告。

(7) 编写安全监理月报、监理日记，反映动态安全状态与处理意见。

(8) 参与工程事故调查，督促安全技术防范措施的实施。

6.1.4　安全监理实施细则

1. 安全管理

安全管理应遵守以下细则：

(1) 监督施工单位建立安全生产责任制，包括生产指标、各工种安全技术操作规程等，并要求其配备专(兼)职安全员，各级各部门要严格执行安全生产责任制。

(2) 监督施工单位建立明确的管理目标(伤亡控制指标和安全达标、文明施工目标)，包括安全责任目标的分解，责任目标考核制度的完善和落实等。

(3) 要求施工单位在施工组织设计中必须要有安全措施，并上报审批后方可实行。针对专业性较强的项目要单独编写专项安全施工组织设计，安全措施要全面并作好落实工作。

(4) 检查施工单位的分部(分项)工程技术资料，要有针对性强的、全面的书面安全技术交底，并履行签字手续。

(5) 要求施工单位项目部制订定期安全检查制度，并做好落实工作。安全检查要有记录，检查出事故隐患要做到专人负责限期整改，要有一定的可行性较强的整改措施。对重大事故隐患整改通知书所列项目要如期完成。

(6) 监督施工单位必须建立一套完善的安全教育制度，对新入厂的工人要进行三级安全教育，变换工种时要进行安全教育，要做到每一个工人都懂得本工种的安全技术操作规程。施工管理人员要按照规定进行年度培训，专职安全员要按规定进行年度培训或考核。

(7) 检查施工单位特种作业操作人员是否经过专业培训，通过后方允许持证上岗。

(8) 检查施工单位现场安全标志布置总平面图，要求其按图布置现场，做到与实际相符。

2. 文明施工管理

文明施工管理应遵守以下规定：

(1) 要求施工单位在本工程工地周围设置高于 1.8 m 的围挡，围挡材料要坚固、稳定、整洁、美观，沿工地四周连续设置。

(2) 施工现场进出口必须设置大门，并要求检查施工单位是否配备门卫及一整套完善的门卫制度。进入施工现场必须佩戴工作卡及安全帽，门头要设置企业标志。

(3) 工地地面要做硬化处理，保证道路畅通。检查现场要有完善的排水设施，保证排水畅通，工地无积水。要求施工单位设置防止泥浆、污水、废水外流或堵塞下水道和排水河道设施。施工现场温度季节要做好绿化布置，现场要设置吸烟处，禁止随意吸烟。

(4) 做好材料的检查工作，检查施工单位建筑材料、构件、料具，要严格按照总平面布局堆放，料堆要挂好名称、品种、规格等标牌，并堆放整齐。施工现场要清理干净，建筑垃圾堆放要标出名称、品种。易燃易爆物品要分类存放。

(5) 每天现场巡视，加强对施工单位办公及生活区域的管理，坚决禁止在建工程用作住宿等，施工作业区与办公、生活区要划分清楚。寝室要设置保暖和防煤气中毒措施、消暑和防蚊虫叮咬措施，床铺、生活用品放置整齐。要保证宿舍周围环境的卫生和安全。

(6) 定期对施工单位进行检查，保证现场有完善的消防措施、制度或灭火器材。灭火器材配置要合理，要有消防水源或满足消防要求，有完善的动火审批手续和动火监护。

(7) 要求施工单位在生活区为工人设置学习和娱乐场所，并建立治安保卫制度，责任分解到人。做好治安防范措施，避免经常发生失盗事件。

(8) 检查和督促施工单位在施工现场大门口必须挂好五牌一图，标牌要内容齐全，规范整齐。施工现场要设置安全标语、宣传栏、读报栏和黑板报等设施。

(9) 监督施工单位建立一套健全的卫生责任制度，厕所、食堂和淋浴室设施齐全，且必须符合卫生要求。保证供应卫生饮用水，生活垃圾要装入容器，及时安排专人清理。

(10) 要求施工单位必须安排经专业培训的急救人员常驻现场，配置急救器材、保健医药箱，有完善的急救措施，并对工人开展卫生防病宣传教育。

(11) 做好夜间施工的监理工作，施工现场需建立防粉尘、防噪音措施以及施工不扰民措施，未经许可不得夜间施工。禁止在施工现场焚烧有毒、有害物质。

6.1.5　案例：安徽××大学 22#、25#学生宿舍楼工程

目录
前言

前　　言

鉴于从 2004 年 2 月 1 日起将全面实行中华人民共和国国务院令(393)号《建设工程安全生产管理条例》，安全生产成为建设工程任何参与方不可推卸管理重点工作之一。为贯彻执行该条例，切实履行监理职责，加强建设工程安全生产监督管理，特编制此规划，以指导和规范监理部全体监理人员开展安全监理工作。

一、安全监理工作的依据

(1) 《建设工程安全生产管理条例》(国务院令第 393 号)；

(2) 《中华人民共和国建筑法》;

(3) 《中华人民共和国安全生产法》;

(4) 《建筑施工安全检查标准》(JGJ 59-99);

(5) 《施工现场临时用电安全技术规范》(JGJ 44-88);

(6) 《建筑机械使用安全技术规程》(JGJ 33-2001);

(7) 设计的施工说明书及相关文件;

(8) 经过审定(必要时需经专家论证或经有资格单位设计)的施工组织中安全技术措施及单项安全施工组织设计;

(9) 《建设工程监理规范》(GB 50319—2000);

(10) 参考《关于实施建设工程安全监理的指导意见》(沪建建管[2003]第 170 号)

二、安全监理的工作范围、目的和安全监理工作重点

监理工作是受建设单位或其他单位的委托,按照合同要求,完成授权范围内的工作,同样要对监理范围内的施工安全依据相关的建筑施工安全生产的法规和标准进行监督和管理,履行监理安全职责。

安全监理的目的主要是贯彻落实国家安全生产方针政策,督促施工单位按照建筑施工安全生产法规和标准组织施工,消除施工中的冒险性、盲目性和随意性,落实各项安全技术措施,有效的杜绝各类不安全隐患,杜绝、控制和减少各类伤亡事故,实现安全生产。

安全监理的工作重点主要是:

(1) 贯彻"安全第一,预防为主"的方针,严格执行国家现行的安全生产的法律、法规,建设行政主管部门的安全生产的规章和标准;

(2) 督促施工单位落实安全生产的组织保证体系,建立健全安全生产责任;

(3) 督促施工单位对工人进行安全生产教育及分部分项工程的安全技术交底;

(4) 审查施工方案及安全技术措施,必要时督促和要求施工单位组织对重大危险源防范方案等进行专家论证;

(5) 检查并督促施工单位,按照建筑施工安全技术标准和规范要求,落实分部、分项工程或各工序,关键部位的安全防护措施。

(6) 监督检查施工现场的消防工作、冬季防寒、夏季防暑、文明施工、卫生防疫等项工作;

(7) 不定期地组织安全综合检查,可按《建筑施工安全检查标准》进行评价,提出处理意见并限期整改;

(8) 发现违章冒险作业的要责令停止作业,发现隐患的要责令其停工整改。

为了督促施工方认真落实安全管理工作,做到责任明确,监理人员按照以下要点组织安全核查。

三、安全监理监督工作检查要点

本安全监理监督检查要点是根据国家有关安全规定和参照上海市及其他相关安全工作要求制定,在实际工作中可结合具体情况做相应调整。

（一）安全生产责任制监理核查要点

（1）督促施工企业和项目部必须建立健全各级、各职能部门及各类人员的安全生产责任制，装订成册，其中项目部管理人员安全生产责任制还应挂墙。

（2）总分包单位之间、企业和项目部应签订安全生产目标责任书。工程各项经济承包合同中必须有明确的安全生产指标，安全生产目标责任书中必须有明确的安全生产指标、有针对性的安全保证措施、双方责任及奖惩办法。

（3）施工现场各工种安全技术操作规程齐全，装订成册。

（4）设置专职安全员，组成安全管理组，负责管理安全生产工作。

（5）建立企业和项目部各级、各部门和各类人员安全生产责任考核制度，考核有书面记录。

（二）目标管理监理检查要点

（1）施工现场必须实行安全生产目标管理，工程开工前应制定总的安全管理目标，包括伤亡事故指标、安全达标和文明施工目标以及采取的安全措施。

（2）项目部与施工管理人员和班组、班组与职工必须签订安全目标责任书，以责任书形式把工地总的安全管理目标按照各自职责逐级分解。项目部制定安全目标现任考核规定，责任到人，每月考核记录在册。

（3）项目部各级签订的安全目标责任书内容应明确安全生产指标、双方责任、工作措施和考核及奖惩内容。

（三）施工组织设计及各项方案中有关安全工作监理检查要点

（1）检查施工企业在编制施工组织设计(施工方案)时，有否根据工程的施工工艺和施工方法，编写较全面、具体、针对性强的安全技术措施。

（2）本工程中专业性较强的项目，打桩、基坑支护与土方开挖、支拆模板、脚手架、临时施工用电、塔吊、卸料平台等有否编制专项的安全施工组织设计。

（3）安全技术措施和专项安全施工组织设计内容要有针对性，根据工程实际编写，能有效地指导施工。

（4）施工组织设计和专项安全施工组织设计必须由专业技术人员编制，经企业技术负责人审查批准，签名盖章后方可实施。

（5）根据施工组织设计组织施工，严格督促落实安全措施。施工过程中更改方案的，必须经原审批人员同意并形成书面方案。

（四）分部(分项)工程安全技术交底核查要点

（1）是否建立安全技术交底制度。安全技术交底必须与下达施工任务同时进行。各工种各分部(分项)工程安全技术交底，固定作业场所的工种可定期交底，非固定作业场所的工种可按每一分部(分项)工程或定期进行交底。新进场班组必须先进行安全技术交底再上岗。

（2）施工方安全技术交底内容应包括工作场所的安全防护设施、安全操作规程、安全注意事项等，既要做到有针对性，也要简单明了。

（3）此安全技术交底必须以书面形式进行，双方履行签字手续。

（五）安全检查监理督促要点

（1）施工方企业和项目部必须建立定期安全检查制度，明确检查方式、时间、内容和整改、处罚措施等内容，特别要明确工程安全防范的重点部位和危险岗位的检查方式和方法。检查次数公司每月不少于一次，项目部每半月不少于一次，班组每星期不少于一次。

(2) 各种安全检查(包含外部管理部门的外检)要求做到每次有记录，对查出的安全隐患应监督施工方做到定人、定时、定措施进行整改，并要有复查情况记录。被外检的必须如期整改并上报检查部门，现场应有整改回执单。

(3) 对重大事故隐患的整改必须如期完成，并上报公司和有关部门。

(六) 安全教育检查要点

(1) 企业和施工现场所建立的安全培训教育制度和档案有否明确教育岗位、教育人员、教育内容。

(2) 现场职工安全教育卡。新进场工人须进行公司(15学时)、项目部(15学时)、班组(20学时)的"三级"安全教育，经考核合格后才能进入操作岗位。

(3) 安全教育内容必须具体，有针对性。

(4) 企业待岗、转岗、换岗的职工，在重新上岗前，必须接受一次安全培训，时间不少于20学时，其中变换工种的进行新工种的安全教育。

(5) 企业职工每年度接受安全培训，法定代表人、项目经理培训时间不得少于30学时，专职安全管理人员不少于40学时，特种作业人员不少于20学时，可由企业注册或工程所在地建设行政主管部门组织培训；其他管理人员不少于20学时，一二级企业可自行组织培训，三四级企业应委托培训。

(6) 专职安全员必须持证上岗，企业进行年度培训考核，不合格者不得上岗。

(七) 班前安全活动检查要点

(1) 施工现场应建立班前安全活动制度。

(2) 班组应开展班前三上岗(上岗交底、上岗检查、上岗教育)和班后下岗检查，每月开展安全讲评活动。

(3) 班组班前活动检查、讲评活动等应有记录并有考核措施。

(八) 特种作业持证上岗检查要点

(1) 施工现场必须按工程实际情况配备特种作业人员和中小型机械操作工，建立特种作业人员和中小型机械操作工，建立特种作业人员和中小型机械操作工花名册。

(2) 特种作业人员必须经有关部门培训考核合格后持证上岗，操作证应按规定年限复审，不得超期使用。

(3) 中小型机械操作工经培训考核合格后持证上岗，一二级企业可自行组织培训，三四级企业应委托培训，考核发证工作由各级建设行政主管部门负责实施。

(4) 特种作业人员变换工作单位的，必须有调动手续，与用人单位签订聘用合同。

(九) 工伤事故处理检查要点

(1) 施工现场工伤事故定期报告制度和记录。建立事故档案，每月要填说明，伤亡事故报表由公司安全管理部门盖章认可。

(2) 发生伤亡事故必须按规定进行报告，并认真按"四不放过"(事故原因调查不清不放过，事故责任不明不放过，事故责任者和群众未受到教育不放过，防范措施不落实不放过)的原则进行调查处理。

（十）施工安全标志检查要点

(1) 施工现场应有安全标志布置平面图。

(2) 安全标志应按图挂设，特别是主要施工部位、作业点和危险区域及主要通道口均应挂设相关的安全标志。

(3) 施工机械设备应随机挂设安全操作规程牌。

(4) 各种安全标志应符合国家《安全标志》(GB 2894—82)的规定，制作美观、统一。

（十一）安全监理日常巡视监控要点(详见附录一)

四、文明施工监督检查要点

文明施工是安全生产的基础，现场督促施工方落实文明施工工作，已是监理监督管理一部分，其现场检查工作要点如下：

（一）现场围挡检查要点

(1) 施工现场必须实行封闭施工，沿工地四周连续设置围挡。围挡材料要求坚固、稳定、统一、整洁、美观、宜须用硬质材料。如砖块或空心砖或彩钢板等，不得采用彩条布、竹芭。采用砖块和空心砖作围挡材料的要求压顶，美化墙面。

(2) 本工程围挡高度不低于 1.8 m。

（二）封闭管理检查要点

(1) 施工现场必须实行封闭管理，设置进出大门，制定门卫制度，严格执行外来人员进场登记制度，门卫值班室应设在进出大门的一侧。

(2) 门头应有企业的"形象标志"，大门宜采用硬质材料，力求美观、大方，并能上锁，不得采用竹芭片等易损、易破材料。

(3) 进入施工现场所有工作人员必须佩带工作卡。

（三）施工场地检查要点

(1) 施工现场应积极推行地坪施工，作业区生活区主干道地面必须用一定厚度的砼硬化，场区其他道路地面应硬化处理。

(2) 施工现场道路畅通、平坦、整洁，无散落物。

(3) 施工现场设置排水系统，排水畅通，不积水。

(4) 严禁泥浆、污水、废水外流或堵塞下水道和排水道河道。

(5) 施工现场适当地方设置吸烟处，作业区内禁止随意吸烟。

(6) 积极美化施工现场环境，根据季节变化，适当进行绿化布置。

（四）材料堆放检查要点

(1) 建筑材料、构件、料具必须按施工现场总平面布置图堆放，布置合理。

(2) 建筑材料、构配件及其他料具等必须做到安全、整齐堆放(存放)，不得超高。堆料分门别类，悬挂标牌，标牌应统一作，标明名称、品种、规格数量等。

(3) 建立材料收发管理制度，仓库、工具间材料堆放整齐，易燃易爆物品分类堆放，专人负责，确保安全。

(4) 施工现场建立清扫制度，落实到人，做到工完料尽、场地清，车辆进出场应有防泥带出的措施。建筑垃圾及时清运，临时存放现场的也应集中堆放整齐，悬挂标牌。不用施工机具和设备应及时出场。

(五) 现场住宿检查要点

(1) 施工现场根据作业需要设置职工宿舍。宿舍应集中统一布置，严禁在厨房、作业区内住人。

(2) 施工现场作业区与办公、生活区必须明显划分，确因场地狭窄不能划分的，要有可靠的隔离栏护措施。

(3) 宿舍内应有保暖、消暑、防煤气中毒、防蚊虫等措施。

(4) 宿舍应确保主体结构安全，设施完好，禁止用钢管、毛竹及竹片等搭设的简易工棚宿舍，活动房搭设不宜过二层。

(5) 宿舍建立室长卫生管理制度，且和宿舍人员名单一起上墙。宿舍内宜设置统一床铺和储物柜，室内保持通风、整洁，生活用品整齐堆放，禁止摆放作业工具。

(6) 宿舍内(包括值班室)严禁使用煤气灶、煤油炉、电饭煲、热得快、电炒锅、电炉等器具。

(7) 宿舍周围环境应保持整洁、安全。

(六) 现场防火检查要点

(1) 施工现场必须建立健全消防防火责任制和管理制度，并成立领导小组，配备足够、合适的消防器材及义务消防人员。

(2) 施工现场必须有消防平面布置图。

(3) 本工程建筑物每层应配备消防设施，并应随层做消防水源管道(2 寸立管，设加压泵，留消防水源接口)，配备足够灭火器，放置位置正确，固定可靠。

(4) 现场动用明火必须有审批手续和动火监护人员。

(5) 易燃易爆物品堆放间、木工间、油漆间等消防防火重点部位要采取必要的消防安全措施，配备专用消防器材，并由专人负责。

(七) 综合治理检查要点

(1) 施工现场建立治安保卫责任制并落实到人，采取措施严防盗防、斗殴、赌博等事件的发生。

(2) 施工现场因地制宜，积极设置学习和娱乐场所，丰富职工业余生活，注重精神文明建设。

(八) 施工现场标牌检查要点

(1) 施工现场必须设有"五牌一图"，即工程概况、管理人员名单及监督电话牌、消防保卫(防火责任)牌、安全生产牌、文明施工牌和施工现场平面图。标牌规格统一，位置合理，字迹端正，线条清晰，表示明确，并固定在现场内主要进出口处，严禁将"五牌一图"挂在外脚手架上。

(2) 施工现场应合理悬挂安全生产宣传和警示牌，标牌悬挂牢固可靠，特别是主要施工部位、作业点和危险区域以及主要通道口都必须有针对性地悬挂醒目的安全警示牌。

(3) 施工现场应合理地设置宣传栏、读报栏、黑板报，营造安全气氛。

(九) 生活设施检查要点

(1) 施工现场应设置食堂和茶水棚(亭)。食堂应有良好的通风和洁卫措施，保持卫生整洁。炊事员持健康证上岗。食堂内应功能分隔，特别是灶前灶后、仓储间、生熟食间应分开。积极使用燃油、电热灶具，不宜用柴灶。

(2) 施工现场应设固定的男、女简易淋浴和厕所，并要保持结构稳定、牢固和防风雨。厕所天棚、墙面刷白，高 1.5 m 墙裙、便槽帖面砖，地面用水泥砂浆或地砖，宜采用水冲式，并实行专人管理，及时清扫，保持整洁，要有灭蚊和防止蚊蝇孳生措施。高层建筑应每层设置便溺设施，多层建筑应每二层设置，便溺设施应尽量做到文明。现场严禁随地大小便。

(3) 建立现场卫生责任制，设卫生保洁员，生活垃圾必须盛放在容器内并做到及时清理。

(十) 保健急救检查要点

(1) 施工现场必须有保健药箱(箱内配备一些工地常用的药品)和急救器材。

(2) 施工现场配备的急救人员必须经卫生部门培训，应掌握常用的"人工呼吸"、"固定绑扎"、"止血"等急救措施，并会使用简单的急救器材。

(3) 施工现场应经常开展卫生防病宣传教育，并做好记录。

(十一) 社区服务检查要点

(1) 遵守国家有关劳动和环境保护的法律法规，有效地控制粉尘、噪声、固体废弃物、泥浆、强光等对环境污染和危害。

(2) 制定落实爱民制度和不扰民措施。

(3) 施工现场禁止焚烧有毒、有害物质。

(4) 夜间施工应按规定办理有关手续。

以上文明施工监督检查要点应在实际施工过程中按照工程具体情况和当地有关部门要求作调整。

五、项目监理部安全监理资源配备

(1) 安全监理管理组织结构。

由总监理工程师主持现场安全监理管理工作，代表监理方负责监理安全监督工作，总监理工程师安排一名持安全监理资格证的监理人员专门负责落实和执行安全监督工作；监理部所有监理人员都应结合自身专业知识和工程实际情况承担安全监督义务。

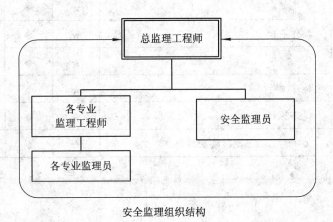

安全监理组织结构

(2) 安全监理管理职责安排

为了保证安全监理监督工作能够良好的开展，充分发挥监理部各成员的作用，将安全监理工作的内容进行分类识别，编制监理部安全职责矩阵，以基本明确要执行和需要做的安全工作有哪些，这些工作由谁来做，哪些人参与。

监理部安全职责矩阵表

工作内容	监理人员	总监	安全监理	专业监理工程师	专业监理员
承包方管理文件审查	安全保证体系审查	★	◆	▲	△
	施工组织设计和专项安全方案审查	★	◆	▲	△
建设单位应提供的安全保证	安全协议	★	◆	▲	△
	涉及工程安全相关资料	★	◆	▲	△
	影响安全施工的障碍处置	★	◆	▲	△
监理部内部安全管理文件、报告、记录编制/批准	安全规划	★	◆	▲	△
	安全监理实施细则(分专项)	★	◆	▲	△
	安全告知书、安全监理通知书	★	◆	▲	△
	安全月报、安全巡查记录、监理日记	★	◆	▲	△
安全监理现场监督要务	基坑施工	★	◆	▲	△
	模板支撑系统	★	◆	▲	△
	施工机具	★	◆	▲	△
	施工用电	★	◆	▲	△
	三宝、四口、五临边防护	★	◆	▲	△
	脚手架搭设	★	◆	▲	△
	操作平台	★	◆	▲	△
	个人防护	★	◆	▲	△
	特殊工种	★	◆	▲	△
	现场防火	★	◆	▲	△
	文明施工、卫生防疫及其他	★	◆	▲	△

注：★—主持和负责；◆—负责；▲—参与和负责本专业；△—参与。

六、安全监理控制方法和措施

坚持以"安全第一，预防为主"的原则，重点进行事前控制工作；实行事中严格监督检查，发现安全问题及时指出，并督促落实整改，并本着事后认真总结热情帮促的指导思想，共同做好安全工作。

(一) 安全监理基本工作方法

安全监理工作是工程实体施工顺利进行的前提，实体施工必须伴随着安全工作的落实，与诸如质量其他方面控制工作一样，按照"事前、事中、事后"控制基本方法，通过内业及外业督促检查承包方安全工作，并从"物的安全状态、人的行为安全状态、施工生产环境安全影响"三个安全控制要素对安全工作进行评价和提出意见或整改要求。

1. 事前控制基本工作方法

(1) 组织各专业监理人员根据施工图、工程地质勘探报告等资料分析影响安全因素，并编制《初步认定的危险性较大的分部分项工程一览表》(详见附录1)。

(2) 组织各相关专业监理人员对施工单位报审的施工组织设计、专项施工方案进行认真审查，并提出审查意见。重大危险源工程项目要求并督促承包方组织专家论证，通过后方允许实施。审查情况登记在《专项安全施工方案、施工机械、安全设施、安全许可验收及安全交底情况汇总表》附表1。

(3) 编制重大危险源工程安全监理实施细则，指导和规范监理人员有重点有针对性地监督和检查安全施工情况。本工程拟编制以下安全监理实施细则：

　　　　基坑支护及土方开挖工程安全监理细则

　　　　模板支撑及脚手架搭拆安全监理细则

　　　　垂直运输机械(塔吊、施工电梯等)安全监理细则

(4) 审查承包方(含分包)资格、安全许可证、施工现场安全生产体系、安全协议等。

(5) 检查施工安全技术交底落实情况，核查专业或特殊工种人员上岗证或操作证书。

(6) 参与或核查大型施工机械、安全设施的安全验收、检测，符合安全要求的施工机械才能允许在工程中使用，安全实施落实到位，方能允许施工。核查情况登记在《专项安全施工方案、施工机械、安全设施、安全许可验收及安全交底情况汇总表》。

2. 事中控制基本工作方法

(1) 安全监理员及监理部其他成员每天应将安全检查作为平常基本工作内容，在日常巡视过程中同时进行安全巡查，发现安全问题及时向施工方指出，并记录在《安全监理工程师日常巡视记录》上，督促整改。

(2) 每月不少于一次组织开展全面性的安全检查工作，并结合工程实际情况有重点地进行专项安全检查。对检查情况和发现的问题提出评价意见或整改要求，在《安全监理月报》中书面抄送施工方、建设单位和相关部门。

(3) 当发现较大的安全问题或已指出而施工方没有整改的一般安全问题，由安全监理书面发出《安全告知书》、《安全整改通知书》限期整改。

3. 事后控制基本工作方法

事后控制是指出现一般安全事故和发现违章冒险进行施工作业情况时，为防止重新发生而进行的工作方法。

(1) 以书面文件的形式传达安全监理的要求和意见，督促承包方加强安全管理，切实落实安全防护措施。书面文件为《安全告知书》、《安全整改通知书》。

(2) 组织召开专题安全会议，就前期安全问题分析原因，提出监理和其他单位的意见和要求，并对施工方拟采取的安全整改措施给予审查；形成书面纪要文件，督促施工方落实整改。

(二) 安全监理工作措施

1. 合同管理及经济措施

根据有关规定要求，建议建设单位与承包单位签订安全管理协议，明确施工单位保证安全施工应采取的措施和对违章冒险进行施工作业的处罚。

2. 安全监理管理措施

施工单位如未及时按照监理针对安全问题提出的整改建议以消除安全隐患，仍继续施工时，监理可下发工程暂停令，并及时向建设单位报告。必要时向安全部门报告，阻止冒险施工。

七、安全监理工作制度和工作流程

(一) 安全监理工作制度

1. 安全监理责任制度

(1) 总监理工程师是代表监理方负责安全责任。

(2) 安全监理全面负责安全监督工作，按照国家和地方有关安全法规、技术文件履行检查工作，发现安全隐患及时要求整改。并负责有关安全方面的文件审查和收集，对总监理工程师负责。

(3) 各专业监理人员应负责相应专业的安全检查，听从总监理工程师安排，主动配合安全监理进行日常安全检查或专项安全检查。

2. 安全检查制度

(1) 每天应进行日常安全巡查，记录安全情况。

(2) 每月不少于一次全面安全检查，并应形成书面文件。

(3) 根据工程实际情况及时组织专项安全检查，重点监督重大危险源工程项目。

3. 安全生产情况总结报告制度

(1) 每月编制安全监理月报，总结当月安全工作情况和存在问题，并提出监理的意见和要求。

(2) 对发现的重大安全隐患应及时书面向建设单位和有关安全部门报告，强制阻止冒险施工。

4. 安全质量事故应急制度

(1) 督促和审查承包方编制《安全质量事故应急方案》。

(2) 督促和检查承包方实施《安全质量事故应急方案》。

(3) 一旦发生安全事故，督促承包方及时启动《安全质量事故应急方案》。

(4) 做好必要的记录，参与事故现场保护。

(5) 编制监理安全事故紧急上报制度，确定上报领导、部门和联系电话。

(二) 安全监理工作流程

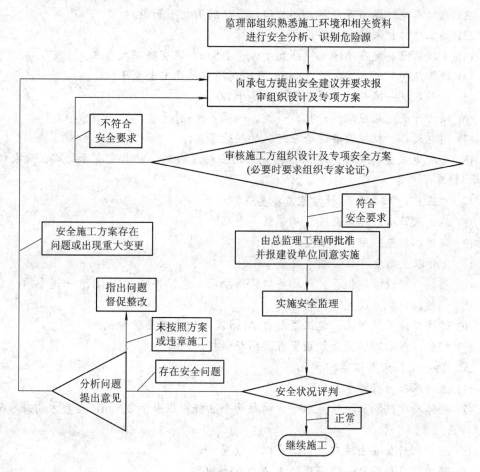

附录一　　安全监理日常巡视监控要点

一、基坑施工监理监控要点

(1) 基坑施工应按施工组织设计或专项施工方案要求进行;

(2) 深度超过2 m的基坑临边应设置防护:

(3) 坑壁支护按方案实施,并按要求实施基坑环境监测,基坑变形最大值和日变形量不能超过规定的限值;

(4) 基坑施工应设置有效排水系统;

(5) 坑边荷载、堆土、机械设备距坑边距离符合方案规定要求;

(6) 上下基坑必须设置登高措施;

(7) 进场施工机械已经验收,司机持证上岗,作业区设警戒线。

二、模板支撑系统监理监控要点

(1) 钢管支撑材质符合规定,外径不得小于@40×3.5 mm,无裂缝等:

(2) 立柱稳定,包括支撑高度、立柱间水平支撑、纵横向剪刀撑间距、立杆间距(纵向、横向)等符合方案要求;

(3) 作业环境2 m以上高处制模,作业人员要有可靠的立足点,防护设施完善。

三、施工用电监理监控要点

(1) 临时用电现场布置应符合施工组织设计的用电平面图;

(2) 高压线防护架按方案搭设;

(3) 支线架设高度应确保电缆线高度大于 2.5 m,架空线高大于米;

(4) 现场照明架设高度大于 2.4 m;危险场所应使用安全电压;

(5) 电箱应统一编号、放置高度下口高于 60 cm;

(6) 动力开关电箱应做到一机、一闸、一漏、一箱;

(7) 用电设备,机械设备是否有可靠的接地装置;

(8) 变配电装置符合规范要求,供电采用三相五线制,配电室有示警牌、灭火机、绝缘毯、绝缘手套等。

四、"三宝""四口"防护监理监控要点

(1) 施工人员进入现场必须正确佩戴安全帽;

(2) 在建工程应采用合格安全网封闭;

(3) 2 m 以上高处作业必须系安全带;

(4) 楼梯口应设临边扶手,电梯井口设防护门,电梯井内心每 10 m 一道平网;

(5) 预留洞口坑井设置可靠措施;

(6) 通道口设置防护棚,施工层超过 24 m 高度设置双层防护棚;

(7) 阳台、屋面等临边必须设置可靠防护栏杆。

五、脚手架搭设监理监控要点

(1) 立杆基础应有排水系统;

(2) 架体与建筑物的拉结点水平方向每两个立杆间距小于 3.6 m,垂直方向每 3.6 m 设一拉撑点:

(3) 防护栏杆及安全网应在第二步以上设置;

(4) 剪力撑应每隔 9 m 设一道,夹角为 45~60°;

(5) 立杆间距(24 m 高度脚手)不大于 1.8 m;水平高度不得大于 2 m;

(6) 每四步设置一层隔离笆;

(7) 脚手架应设置登高斜道,出口应设置通道防护棚;

(8) 钢管脚手架四角设置保护接地及防雷接地。

六、施工机具监理监控要点

(一) 打桩机施工

(1) 打桩机械准用证齐全、有效;

(2) 打桩机超高限位装置符合要求,作业区域 5 m 以内无高压线;

(3) 起吊钢丝绳润滑良好,无断线超标现象;

(4) 桩机走车轨道铺设应符合出厂说明书规定;

(5) 电动机械电源接线及控制系统接触可靠,连接电缆无破损。

(二) 井架与龙门搭设

(1) 吊盘超高限位、停靠装置灵敏可靠;

(2) 卷扬机应固定牢靠,绳筒保险装置有效;

(3) 缆风绳应 20 m 设一组,每增 10 m 增设一组;

(4) 钢丝绳断丝不超标、不拖地，过路应设保护；

(5) 楼层卸料平台防护可靠，铺板严密；

(6) 吊盘设安全门、二侧挡板牢固。架体垂直，连接牢固，包小眼安全网；

(7) 传动系统绳筒上的钢丝不少于三圈；

(8) 篮高度超过 30 m 应搭设双层防护棚；

(9) 楼层设置层数标记，上下联络有信号装置；

(10) 附墙装置首道不超 7 m，把杆高度不超井架顶部；

(11) 架体应设避雷装置。

(三) 塔式起重机监理监控要点

(1) 每台塔机装拆人员配备齐全(包括驾驶员、起重工、电工、电焊工等)，操作人员必须持证上岗；

(2) 经市建委认定的检测机构办理检测，颁发合格证方能使用；

(3) 塔式起重机的人员配备，除驾驶员外，指挥人员 1～2 名；

(4) 力矩限制灵敏、可靠；重量限制器灵敏、可靠；回转限位器灵敏、可靠；行走限位器灵敏、可靠；变幅限位器灵敏、可靠；超高限位器灵敏、可靠；吊钩保险灵敏、可靠；卷筒保险灵敏、可靠。

(四) 施工升降机监理监控要点

(1) 每台施工升降机装拆人员配备齐全(包括驾驶员、起重工、电工、电焊工等)，操作人员必须持证上岗；

(2) 经市建委认定的检测机构办理检测，颁发合格证方能使用；

(3) 吊笼底部四周设防护围栏；

(4) 升降机周围三面应搭设双层防坠棚；

(5) 驾驶室与各楼层必须设置通讯联系装置。

(五) 小型施工机具监理监控要点

(1) 搅拌机与砂浆机必须设置专用开关电箱，搭设操作防护棚，挂设安全操作规程牌、验收合格牌。

(2) 木工平刨机、电锯应搭设防护棚，设置专用开关电箱，安全装置齐全，挂设安全操作规程牌、验收合格牌。

(3) 电焊机应配置专用开关箱二次侧空载压装置：一次侧电源线不超过 5 m，外壳有可靠接地，进出线设防护罩有防雨措施，挂验收合格牌。

(4) 手持电动工具应设置开关电箱，有可靠接地装置。施工人员操作磨石子机、一类手持工具和潜水泵等必须穿绝缘鞋，戴绝缘手套。

七、操作平台监理监控要点

(一) 落地操作平台搭设监理监控要点

(1) 底部坚实平整符合施工组织设计要求；

(2) 立杆、剪刀撑、拉结符合施工组织设计要求，拉结必须与建筑物连接；

(3) 操作施工作业面四周防护严密、牢靠、安全；

(4) 登高扶梯齐全，进入作业面的通道牢固平整，无明显高低；

(5) 操作平台搭设完毕，经项目负责人验收合格后应挂验收合格牌、限载标志牌(内外均挂)方能使用。

(二) 悬挑式钢平台监理监控要点

(1) 搁置点与上部拉结点必须设置在建筑物上, 不得设置在脚手架等其他施工设备上;

(2) 斜拉杆或钢丝绳在构造上两边各设前后两道;

(3) 应设置 4 个经过验算的吊环;

(4) 安装时钢丝绳绳卡不得少于 4 个;

(5) 悬挑平台安装完毕, 经项目负责人验收, 验收合格挂牌, 挂设限载标志牌(内外均设)才能使用。

八、个人防护监理监控要点

(1) 安全帽佩戴正确, 系好帽扣;

(2) 安全带完好无缺, 使用时高挂低用;

(3) 绝缘靴、绝缘手套、电焊工脸罩应完好并准确使用;

(4) 专业施工人员须持证上岗;

(5) 危险作业应有保护人员。

九、特殊工种监理监控要点

(1) 专职安全员须持建筑行业培训的上岗证;

(2) 电工、电焊工、架子工要持经委颁发的上岗证;

(3) 井架搭设操作人员须持提升井架搭拆操作证(架子工不能搭设井架);

(4) 塔吊、人货两用电梯、起重指挥持证上岗;

(5) 小型机械, 如木工机械、搅拌机、砂浆机等操作证, 企业内部可以自行培训发证;

(6) 各类上岗证在有效期内使用。

6.2 文明标化工地与 5S 活动

为加强工地安全生产, 文明施工管理, 树立榜样, 全国各地市、省政府、国家开展"文明标化工地"创建活动。对改进"施工工地脏乱差"现象, 促进建设工程项目质量、进度, 树立企业良好形象, 扩大企业知名度, 提高经济效益和社会效益有着极为重要的作用。

文明标化工地就是标准化工地, 是指在施工过程中, 用标准化的安全文明施工来要求每项作业, 以提高施工的管理水平, 从而促进工程质量, 保证安全生产。

6.2.1 文明标化工地申报资料

文明标化工地申报资料包括以下内容:

(1) 文明标化工地引言;

(2) 目录;

(3) 工程概况;

(4) 建筑安全文明施工标准化工地申报表;

(5) 建筑业企业资质证书及安全资质证书;

(6) 建设工程安全监督申请登记备案表;

(7) 建筑工程施工许可证；

(8) 建筑工程施工人员人身意外伤害保险单；

(9) 创建安全文明施工标化工地计划表；

(10) 施工组织设计；

(11) 安全专项方案包括文明施工专项安全技术措施，消防专项安全技术措施，专项安全施工方案和"三宝、四口"专项安全施工方案；

(12) "三阶段"(基础、主体、结顶)安全防护文明施工评分表；

(13) "三阶段"安全文明施工图片资料；

(14) 创文明标化工地情况总结汇报。

在安全专项方案中，建筑装饰装修工程对高处作业必须严格要求，按照《建筑施工高处作业安全技术规范》(JGJ 80—91)规定，结合实际工程情况，明确具体措施。例如：高处作业中的"三宝"、"四口"、"五临边"；三宝中的安全网，监督施工单位对于板与墙的洞口必须设置牢固的盖板、防护栏杆、安全网或其他防坠落的防护设施；电梯井口必须设防护栏杆或固定栅门，电梯井内应每隔两层并最多隔 10 m 设一道安全网。

6.2.2　开展 5S 活动

"5S"是整理(Seiri)、整顿(Seiton)、清扫(Seiso)、清洁(Seikeetsu)和修身(Shitsuke)这 5 个词的缩写。这 5 个词第一个字母都是"S"，所以简称为"5S"。

1. 整理

首先，把要与不要的人、事、物分开，再将其加以处理，这是开始改善生产现场的第一步。要点是对生产现场的实际摆放和停滞的各种物品进行分类，区分什么是现场需要的，什么是现场不需要的；其次，对于现场不需要的物品，诸如用剩的材料、多余的半成品、切下的料头、切屑、垃圾、废品、多余的工具、报废的设备、工人的个人生活用品等，要坚决清理出生产现场。这项工作的重点在于坚决把现场不需要的东西清理掉。对于车间里各个工位或设备的前后、通道左右、厂房上下、工具箱内外以及车间的各个死角，都要彻底搜寻和清理，达到现场无不用之物。坚决做好这一步，是树立好作风的开始。

整理的目的有以下 6 点：

① 改善和增加作业面积；

② 现场无杂物，行道通畅，提高工作效率；

③ 减少磕碰的机会，保障安全，提高质量；

④ 消除管理上的混放、混料等差错事故；

⑤ 有利于减少库存量，节约资金；

⑥ 改变作风，提高工作效率。

2. 整顿

把需要的人、事、物加以定量、定位。通过前一步整理后，对生产现场需要留下的物品进行科学合理的布置和摆放，以便用最快的速度取得所需之物，在最有效的规章、制度和最简捷的流程下完成作业。

整顿活动的要点是：

① 物品摆放要有固定的地点和区域，以便于寻找，消除因混放而造成的差错；

② 物品摆放地点要科学合理。例如，根据物品使用的频率，经常使用的东西应放得近些(如放在作业区内)，偶而使用或不常使用的东西则应放得远些(如集中放在车间某处)；

③ 物品摆放目视化，使定量装载的物品做到过目知数，摆放不同物品的区域采用不同的色彩和标记加以区别。生产现场物品的合理摆放有利于提高工作效率和产品质量，保障生产安全。

3. 清扫

把工作场所打扫干净，设备异常时马上修理，使之恢复正常。生产现场在生产过程中会产生灰尘、油污、铁屑、垃圾等，从而使现场变脏。而脏的现场会使设备精度降低，故障多发，影响产品质量，使安全事故防不胜防；脏的现场更会影响人们的工作情绪，使人不愿久留。因此，必须通过清扫活动来清除那些脏物，创建一个明快、舒畅的工作环境。

清扫活动的要点是：

① 自己使用的物品，如设备、工具等，要自己清扫，不要依赖他人，不增加专门的清扫工；

② 对设备的清扫，着眼于对设备的维护保养。清扫设备要同设备的点检结合起来，清扫即点检；清扫设备要同时做设备的润滑工作，清扫也是保养；

③ 清扫也是为了改善。当清扫地面发现有飞屑和油水泄漏时，要查明原因，并采取措施加以改进。

4. 清洁

整理、整顿、清扫之后要认真维护，使现场保持完美和最佳状态。清洁，是对前三项活动的坚持与深入，从而消除发生安全事故的根源。创造一个良好的工作环境，使职工能愉快地工作。

清洁活动的要点是：

① 车间环境不仅要整齐，而且要做到清洁卫生，保证工人身体健康，提高工人劳动热情；

② 不仅物品要清洁，而且工人本身也要做到清洁，如工作服要清洁，仪表要整洁，及时理发、刮须、修指甲、洗澡等；

③ 工人不仅要做到形体上的清洁，而且要做到精神上的"清洁"，待人要讲礼貌、要尊重别人；

④ 要使环境不受污染，进一步消除混浊的空气、粉尘、噪音和污染源，消灭职业病。

5. 修身

修身即教养，努力提高人员的修身，养成严格遵守规章制度的习惯和作风，这是"5S"活动的核心。没有人员素质的提高，各项活动就不能顺利开展，即使开展了也坚持不了。所以，抓"5S"活动，要始终着眼于提高人的素质。

第七章　建设工程项目信息管理

【**学习目标**】　掌握建筑企业工程备案监督管理的基本内容与方法，监理月报、监理总结的书写要求；明确建设工程文档管理、工程各阶段信息收集的内容及整理方法；了解建设工程信息管理的概念。

信息管理系统是在工程项目监理的全过程中，为建设工程项目总目标的实现(投资控制、进度控制、质量控制、安全生产管理、合同管理、信息管理与组织协调管理)，及时、准确、完整地收集、存储、分析、处理、提供大量的信息，来作为建设工程项目的监理机构及监理工程师在规划、决策、检查及调整时的依据。

在监理工作中，信息对数据的解释所反映的是事物的客观状态和规律。

7.1　建设工程项目信息概述

7.1.1　信息的分类

在建设工程监理过程中，涉及的信息量是很大的，这些信息来自于方方面面，大致可划分为以下几类。

1. 依据建设工程监理的目标划分

建设工程监理的目标是控制项目的投资、进度和质量，加强安全生产合同、信息管理与组织协调，以保证项目快、好、省地完成建设目标，取得最大收益。

(1) 投资控制信息。投资控制信息是指与投资控制有关的各种信息，如工程造价，物价指数，概预算定额，工程项目的投资估算，设计概算，施工预算，合同价格，运费，工程价款支付账单，工程变更费用，工程索赔费用，违约费等。

(2) 进度控制信息。与进度控制有关的信息有项目进度计划，进度控制制度，进度记录，工程款支付情况，环境气候条件，项目参与人员、物资、设备情况，意外风险等。

(3) 质量控制信息。质量控制信息包括国家质量标准，项目建设标准，质量保证体系，质量控制措施，质量控制风险分析，质量检查、验收记录，项目实施工艺、方法、手段，工程参与者的资质，机械设备质量，工程材料质量等。

(4) 安全生产管理信息。其包括国家法律、法规，安全生产保证体系，安全生产保证措施，安全生产检查、巡视记录，安全隐患记录，文明施工及环保等有关信息。

(5) 合同管理信息。其包括国家法律、法规，经济合同，工程建设承包合同，监理合同，物资设备供应合同，运输合同，工程变更，工程索赔，工程参与者违约等。

2. 按建设工程监理信息的来源划分

按建设工程监理信息的来源可划分为项目内部信息和项目外部信息。

(1) 项目内部信息。项目内部信息的收集取自项目本身，包括：① 合同信息。如承包合同、监理合同、企业资质、工程管理人员资格、工人上岗操作证书等；② 技术信息。如设计图纸、工程变更、施工组织设计、施工方案等；③ 监理信息。如监理规划、监理细则、旁站监理方案、监理月报、过程监理、工序验收、会议记要、项目控制措施、控制目标等；④ 工程验收信息。如分部分项工程验收、竣工验收、备案信息等；⑤ 信息编码系统。

(2) 项目外部信息。项目外部信息与项目本身有关，但来自于外部环境，如国家法律法规，市场价格，参加招、投标单位实力、信誉，建设项目周围环境以及有关管理部门等。

3. 根据信息的稳定性划分

根据信息的稳定性可划分固定信息和流动信息。

(1) 固定信息。在一定时期内不变的信息属固定信息，如有关规范、技术标准、工作制度、施工组织设计、管理规划、有关定额等。

(2) 流动信息。指在不断变化的信息，如项目实施过程中质量、投资、进度控制的有关信息，工程中材料消耗量、机械台数、人工数等。

4. 其他类标准划分

根据信息的其他标准可划分为以下几类：

(1) 根据信息的性质可分为生产性、技术性、经济性、资源性信息。

(2) 根据信息层次划分可分为战略性、策略性、业务性信息。

(3) 根据信息范围可分为精细和摘要两类信息。

(4) 根据信息时间可分为历史性信息和预测性信息。

(5) 根据信息阶段分可分为计划阶段、实施阶段，核算报告信息阶段。

(6) 根据信息期待性可分为预知信息和突发信息。

根据一定的监理标准对信息进行分类，关系到监理工作信息管理的水平。不同的监理范畴，需要不同的信息。根据项目监理的需要，按上述各种分类方法对信息予以分类，并进行编码，以提供准确、真实的信息。

7.1.2　信息的基本特征

监理组织机构和监理工程师在工程项目建设过程中，充分利用信息资源，有助于更好地为决策服务；充分了解信息的特征，有助于深刻理解信息的含义，掌握信息的主动性。概括起来，信息的基本特征有：真实性、系统性、时效性、不完全性。

1. 真实性

信息的来源是否真实，将直接影响着规划与决策。由于信息反映的是事物现象与本质的内在联系，因此，信息必须真实与准确，信息如缺少了真实的特征，就不能成为信息，或者是伪信息。

2. 系统性

信息随着时间的变化不断变化与扩充。任何信息都来源于信息源，是信息源整体的一部分，信息脱离开整体与系统不能独立存在，凡是独立信息系统的信息，不能认为是真正的信息。监理工作中，各种信息必须是同一系统中的信息，信息源应是一致的，各方面应协调一致，不能出现相互矛盾的信息。

3. 时效性

信息时代各种信息日新月异，新的信息随时会取代原有信息，在新的信息发出之日起，原有信息将不能再使用。监理业亦如此，行业规范、国家政策、法规在调整，监理制度也在不断完善、修改。因此，信息的时效性是其基本特征之一。在有效的时限内信息是可用的，一旦新的信息调整颁布，原有信息就不能再使用，否则，根据原有信息做出的决策就会是错误的，起码是滞后的。

4. 不完全性

人们对信息的收集、转换、利用等不可能是完全的、绝对的。这是由于人的感观以及各种采集信息的办法和测试手段有局限性，对信息资源的开发和认识难以做到全面。在监理过程中，即使是有经验的监理工程师，也会不同程度地得到不完全的信息；但是，经验丰富相对会减少信息不完全性造成的不完善的决策，准确度相对要高一些。

7.1.3　计算机辅助建设监理的管理信息系统

利用计算机辅助管理信息系统，监理工程师可以处理各种报表和分析报告，从而加强对投资、质量、进度的目标控制。

1. 预算管理系统

预算管理系统是以单位工程的概预算书为编制对象，以定额为基础，以实际业务操作流程为依据，按照土建、装饰、房修、园林、市政及公路管线等不同类别工程预算书编制；它既适用于施工图预算又适用于施工预算的编制。

2. 进度管理系统

进度管理系统由横道图、网络图、资源分析等部分组成，它的最大特点是功能模块紧密集成，实现与预算系统、物资管理系统高度数据共享，优化不同施工阶段的人工、材料、机械等资源消耗量，并据此为物资系统提供科学的物资采购计划。

3. 合同管理系统

合同管理系统是专门为建筑施工企业设计的合同管理工具，不仅能为合同的起草提供各类范本，还能跟踪合同的执行情况，为施工企业的合同管理提供了方便快捷的手段。

7.2　建设工程项目备案监督管理

国务院《建设工程质量管理条例》和建设部 78 号令《房屋建筑工程和市政基础设施工程竣工验收备案管理办法》的实施，标志着我国土木工程建设文档管理进入了一个新的历史时期，也标志着工程质量将有一个大的提高，对于工程质量的验收工作也将有规可循。

实行工程项目竣工验收备案制，加强了建筑安装工程和市政基础设施工程的管理，统一规范了工程项目的管理工作，明确了工程项目参与者各方的职责，以及政府质量管理部门负责工程项目竣工验收的备案工作，并实施监督。

1. 建设工程质量监督

工程质量监督机构有权对工程建设施工、监理、验收等阶段执行强制性标准规定，并实施监督。监督检查内容如下：

(1) 建设各方责任主体的质量行为应符合国家有关法律、法规；

(2) 工程项目勘察、设计、施工、验收等应符合强制性标准的规定；

(3) 工程项目采购的材料、设备等应符合强制性标准的规定；

(4) 工程项目的结构安全，使用功能质量应符合强制性标准规定。

2. 建设工程质量监督申报

建设工程质量监督申报必须遵守以下规定：

(1) 建设单位在工程项目开工前，必须按要求向建设工程质量监督机构办理建设工程质量监督申报手续，按国家规定交纳质量监督费。

(2) 质量监督机构受理建设工程质量监督申报时，应审查以下资料：① 建设工程项目质量监督申报表；② 工程项目报建登记表；③ 工程项目批复(计划)；④ 工程项目中标通知书；⑤ 工程项目施工合同；⑥ 工程项目监理合同；⑦ 施工图设计文件审查批准书。

(3) 建设工程质量监督机构审查建设单位提供的资料，符合要求的项目应签发《建设工程质量监督登记通知书》，不符合要求的补齐手续重新办理。

(4) 建设单位凭有关部门颁发的《施工许可证》和《建设工程质量监督登记通知书》可以开始施工。

3. 工程项目监督实施

工程项目监督应该按以下步骤实施：

(1) 监督机构对工程建设项目参建各方及有关人员的资质证书和上岗证书进行审查，并填写《建设工程质量人员从业资格审查表》。

(2) 监督机构对参建各方的质量保证体系(组织机构，岗位责任制度，工程质量控制程序、措施和方法，施工组织设计，监理规划和监理大纲等文件)进行审查，并填写《建设工程质量监管记录》。

(3) 监督机构应抽查施工过程中所用材料、机械、人员有无违反国家法规、标准等问题，并发出《责令整改通知书》。

(4) 监督工程师对施工现场存在严重问题的，应向建设单位及有关责任单位签发《责令暂停施工通知书》。

(5) 对工程项目的分部工程，必须在监督部门的监督下进行验收(如基础、地基、主体、路基、路面基层、路面、桥梁基础、墩台、桥梁结构等)，并填写工程质量验收证明书。

4. 竣工质量监督

竣工质量监督应该按以下步骤进行：

(1) 竣工质量验收应按承包单位自评，勘察、设计单位认可，监理机构核定，建设单位验收，政府监督的程序进行。

(2) 竣工预验收过程应由承包单位自检合格后，出具《建设工程质量施工单位竣工验收报告》，报送建设单位；勘察、设计单位应出具《建设工程质量检查报告》，报送建设单位；监理单位通过检查合格后，出具《建设工程竣工验收监理评估报告》，报送建设单位。

(3) 建设单位经验收认可，条件成熟后组织勘察、设计、施工、监理单位进行竣工验收，并提前5天填报《建设工程竣工验收通知书》，报政府质量监督部门，在确定的验收日和在政府监督下进行正式验收。

(4) 竣工验收主要验收备案资料、工程项目外观质量、工程项目实测、工程项目设备安装等四个部分，验收合格，各参加单位签署《工程质量验收证明书》。

(5) 竣工验收后，建设单位应出具《工程竣工验收报告》。

(6) 质量监督工程师组织编写《建设工程质量监督报告》，全部资料应交备案部门存档。

7.3 监理月报

7.3.1 监理月报

监理月报是反映工程项目的施工质量、工程进度、工程计量与工程款支付等方面情况的综合评价报告，同时也是项目监理机构的工作小结和内部管理的纪实文件。

监理月报内容应包括：

1) 本月工程概况

本月工程包括：

(1) 本月实施工程项目所涉及的内容；

(2) 实施过程中遇到的问题；

(3) 气候情况；

(4) 施工过程的质量、进度、计量控制措施等。

2) 工程进度

工程进度包括：

(1) 本月进度情况；

(2) 本月实际进度与计划进度比较；

(3) 进度完成情况与采取的措施效果分析；

(4) 对进度延期的处理计划安排。

3) 工程质量

工程质量包括本月工程质量分析，所采取的质量控制措施和效果，本月存在的质量问题及处理结果。

4) 工程计量及工程款支付

工程计量及工程款支付包括工程量审核情况，工程款审批情况及月支付情况，工程款支付情况分析以及采取的措施及效果。

5) 本月施工与监理资料

本月施工与监理资料包括：

(1) 施工单位自检资料；

(2) 监理工程师验收资料；

(3) 监理工程师下发的监理通知及施工单位的回复；

(4) 各种材料质量验收单及取样、复试试验报告；

(5) 工地会议记录及甲方的来往资料；

(6) 其他发生的资料。

6) 合同中其他事项的处理情况

合同中其他事项的处理情况包括工程变更，工程延期和费用索赔。

7) 本月监理工作小结

本月监理工作小结包括：

(1) 对本月进度、质量、工程款支付等方面的综合评价；

(2) 本月监理工作情况；

(3) 对本月工程项目的有关意见和建议；

(4) 下月监理工作的重点。

7.3.2 其他监理资料及附表

1. 监理资料

监理资料包括以下 5 卷：

(1) 第一卷，合同卷。其包括：① 合同文件(包括监理合同、施工承包合同、分包合同、施工招投标文件、各类订货合同)；② 与合同有关的其他事项(工程延期报告、费用索赔报告与审批资料、合同争议、合同变更、违约报告处理)；③ 资质文件(承包单位资质、分包单位资质、监理单位资质，建设单位项目建设审批文件、各单位参建人员资质、供货单位资质、见证取样试验等单位资质)；④ 建设单位对项目监理机构的授权书；⑤ 其他来往信函。

(2) 第二卷，技术文件卷。其包括：① 设计文件(施工图、地质勘查报告、测量基础资料、设计审查文件)；② 设计变更(设计交底记录、变更图、审图汇总资料、洽谈纪要)；③ 施工组织设计(施工方案、进度计划、施工组织设计报审表)。

(3) 第三卷，项目监理文件。其包括监理规划、监理大纲、监理细则，监理月报，监理日志，会议纪要，监理总结和各类通知。

(4) 第四卷，工程项目实施过程文件。其包括进度控制文件，质量控制文件和投资控制文件。

(5) 第五卷，竣工验收文件。其包括分部工程验收文件，竣工预验收文件，质量评估报告，现场证物照片和监理业务手册。

2. 附表

附表有以下 3 类：

(1) 工程项目施工承包单位用表 A 类。如工程开工/复工报审表，见表 7-1。

(2) 工程项目施工监理机构用表 B 类。如工程款支付证书，见表 7-2。

(3) 工程项目施工通用表 C 类。如工程变更，见表 7-3。

表 7-1　工程开工/复工报审表

工程开工/复工报审表	表 A
工程名称：	编号

致：(监理单位)

　　我方承担的＿＿＿＿＿＿工程，已完成了以下各项工作，具备了开工/复工条件，特此申请施工，请核查并签发开工/复工指令。

　　附：(1) 开工报告

　　　　(2) (证明文件)

承包单位(章)＿＿＿＿＿＿＿＿项目经理＿＿＿＿＿＿＿＿日期＿＿＿＿＿＿＿＿

审查意见：

项目监理机构＿＿＿＿＿＿总监理工程师＿＿＿＿＿＿日期＿＿＿＿＿＿

表 7-2　工程款支付证书

工程款支付证书	表 B
工程名称：	编号：

致：(监理单位)

　　根据施工合同的规定，经审核承包单位的付款申请和报表，并扣除有关款项，同意本期支付工程款共(大写)＿＿＿＿＿＿＿＿＿＿(小写：＿＿＿＿＿＿＿＿＿＿＿)。请按合同规定及时付款。

其中：

(1) 承包单位申报款为：

(2) 经审核承包单位应得款为：

(3) 本期应扣款为：

(4) 本期应付款为：

附件：

(1) 承包单位的工程付款申请表及附件；

(2) 项目监理机构审查记录。

承包单位(章)＿＿＿＿＿项目经理＿＿＿＿＿＿＿＿日期＿＿＿＿＿＿＿

审查意见：

项目监理机构＿＿＿＿＿总监理工程师＿＿＿＿＿＿日期＿＿＿＿＿＿

表 7-3　工 程 变 更

工程变更	表 C
工程名称：	编号：

致：(监理单位)

由＿＿＿＿＿＿＿＿＿＿＿＿原因，兹提出＿＿＿＿＿＿＿＿工程变更(内容见附件)，请予以审批。

附件：

承包单位(章)＿＿＿＿＿＿＿＿项目经理＿＿＿＿＿＿＿＿＿＿＿日期＿＿＿＿＿＿＿＿＿＿

审查意见：

项目监理机构＿＿＿＿＿＿＿＿总监理工程师＿＿＿＿＿＿＿＿日期＿＿＿＿＿＿＿

7.4　工程项目竣工验收资料

工程项目竣工验收应提交的资料有：

(1) 工程竣工验收备案表。

(2) 工程竣工验收报告包括工程报建表，施工许可证，施工图设计文件审核意见，单位工程质量综合验收文件，勘察、设计、施工、监理等单位签署的质量合格文件，验收人员签署的竣工验收原文件，市政基础设施、设备安装、线路管道工程的有关质量检测和功能性试验资料及备案部门认为需要提供的有关资料。

(3) 规划、公安消防、环保等有关部门出具的认可文件或准许使用文件。

(4) 施工单位签署的工程质量保修书，住宅工程的"住宅质量保证书"和"住宅使用说明书"。

(5) 法律、法规、规章规定必须提供的其他文件。

第八章 建设工程项目合同管理

【学习目标】 掌握监理合同中发包人和承包人的责任和义务；明确监理合同示范文本的基本内容及合同执行过程中争议的解决方法，违约情况及承担的违约责任；了解合同订立的形式和程序，了解家庭居室装饰装修施工合同的基本内容。

8.1 合同的基本知识

8.1.1 合同及成立的条件

合同是指平等主体的双方或多方当事人(自然人或法人)关于建立、变更、消灭民事法律关系的协议。依法成立的合同，受法律保护。《合同法》的规定，依法成立的合同，自成立时生效。

合同有效成立的 5 个条件如下：

(1) 双方当事人具有实施法律行为的资格和能力。

(2) 当事人在自愿的基础上达成，且意思表示一致。

(3) 合同的标准和内容必须合法。

(4) 合同双方当事人必须互为有偿。

(5) 合同必须符合法律规定的形式。

8.1.2 合同的类型

1. 单务合同和双务合同

单务合同是指合同当事人仅有一方承担义务。双务合同是指合同的双方当事人互负给付义务的合同关系。

2. 有偿合同和无偿合同

有偿合同是指一方通过履行合同规定的义务而给付对方某种利益，对方要得到该利益必须为此支付相应代价的合同。无偿合同是指一方给付某种利益，对方取得该利益时并不支付任何报酬的合同。

3. 有名合同和无名合同

有名合同又称典型合同，是指法律上已经确定了一定的名称及规则的合同。无名合同又称非典型合同，是指法律上并未确定一定的名称及规则的合同。

4. 要式合同和不要式合同

要式合同是指法律规定或当事人约定必须采取特殊形式订立的合同。不要式合同是指依法无需采取特定形式订立的合同。

5. 主合同和从合同

主合同是指不依赖其他合同而能独立存在的合同。从合同是指以其他合同的存在为存在前提的合同，又称为附属合同。

6. 实践合同和诺成合同

实践合同是指除当事人双方意思表示一致以外尚须交付标的物才能成立的合同。在这种合同中，除双方当事人的意思表示一致之外，还必须有一方实际交付标的物的行为，才能产生法律效果。实践合同必须有法律特别规定，比如定金合同、保管合同等。诺成合同是指当事人一方的意思表示一旦经对方同意即能产生法律效果的合同，即"一诺即成"的合同。其特点在于当事人双方意思表示一致，合同即告成立。

建设工程项目监理合同为有偿、诺成的技术服务合同。

8.1.3 合同的形式

我国《合同法》第十条规定：当事人订立合同，有书面形式、口头形式和其他形式三种。

1. 口头形式

口头形式是指当事人双方用对话方式表达相互之间达成的协议。当事人在使用口头形式时，应注意只能是及时履行的经济合同，才能使用口头形式，否则不宜采用这种形式。

2. 书面形式

书面形式是指当事人双方用书面方式表达，并相互之间通过协商一致而达成的协议。根据经济合同法的规定，凡是不能即时清结的经济合同，均应采用书面形式。书面形式是指合同书、信件和数据电文(包括电报、电传、传真、电子数据交换和电子邮件)等可以有形地表现所载内容的形式。

3. 其他形式

合同的其他形式有以下几种：

(1) 合同公证：是国家公证机关根据合同当事人的申请，对合同的真实性及合法性所作的证明。

(2) 合同鉴证：是中国工商行政管理机关和国家经济主管部门应合同当事人的申请，依照法定程序，对当事人之间的合同进行的鉴证。

(3) 合同的审核批准：指按照国家法律或主管机关的规定，某类合同或一定金额以上的合同，必须经主管机关或上级机关的审核批准。这类合同非经上述单位审核批准不能生效。例如，对外贸易合同即应依法进行审批程序。

建设工程项目监理合同应为书面合同。

8.2　《建设工程委托监理合同》(示范文本)

中华人民共和国建设部 制定
国家工商行政管理局

二〇〇〇年二月

第一部分　建设工程委托监理合同

委托人_____与监理人_____经双方协商一致，签订本合同。

一、委托人委托监理人监理的工程(以下简称"本工程")概况如下：

工程名称：

工程地点：

工程规模：

总投资：

二、本合同中的有关词语含义与本合同第二部分《标准条件》中赋予它们的定义相同。

三、下列文件均为本合同的组成部分：

① 监理投标书或中标通知书；

② 本合同标准条件；

③ 本合同专用条件；

④ 在实施过程中双方共同签署的补充与修正文件。

四、监理人向委托人承诺，按照本合同的规定，承担本合同专用条件中议定范围内的监理业务。

五、委托人向监理人承诺按照本合同注明的期限、方式、币种，向监理人支付报酬。

本合同自_____年_____月_____日开始实施，至_____年_____月_____日完成。

本合同一式_____份，具有同等法律效力，双方各执_____份。

委托人：(签章)　　　　　　　　　　监理人：(签章)

住所：　　　　　　　　　　　　　　　住所：

法定代表人：(签章)　　　　　　　　法定代表人：(签章)

开户银行：　　　　　　　　　　　　开户银行：

账号：　　　　　　　　　　　　　　账号：

邮编：　　　　　　　　　　　　　　邮编：

电话：　　　　　　　　　　　　　　电话：

本合同签订于：_____年_____月_____日

第二部分 标 准 条 件

词语定义、适用范围和法规

第一条 下列名词和用语，除上下文另有规定外，有如下含义：

(1) "工程"是指委托人委托实施监理的工程。

(2) "委托人"是指承担直接投资责任和委托监理业务的一方以及其合法继承人。

(3) "监理人"是指承担监理业务和监理责任的一方，以及其合法继承人。

(4) "监理机构"是指监理人派驻本工程现场实施监理业务的组织。

(5) "总监理工程师"是指经委托人同意，监理人派到监理机构全面履行本合同的全权负责人。

(6) "承包人"是指除监理人以外，委托人就工程建设有关事宜签订合同的当事人。

(7) "工程监理的正常工作"是指双方在专用条件中约定，委托人委托的监理工作范围和内容。

(8) "工程监理的附加工作"是指：①委托人委托监理范围以外，通过双方书面协议另外增加的工作内容；②由于委托人或承包人原因，使监理工作受到阻碍或延误，因增加工作量或持续时间而增加的工作。

(9) "工程监理的额外工作"是指正常工作和附加工作以外，根据第三十八条规定监理人必须完成的工作，或非监理人自己的原因而暂停或终止监理业务，其善后工作及恢复监理业务的工作。

(10) "日"是指任何一天零时至第二天零时的时间段。

(11) "月"是指根据公历从一个月份中任何一天开始到下一个月相应日期的前一天的时间段。

第二条 建设工程委托监理合同适用的法律是指国家的法律、行政法规，以及专用条件中议定的部门规章或工程所在地的地方法规、地方规章。

第三条 本合同文件使用汉语语言文字书写、解释和说明。如专用条件约定使用两种以上(含两种)语言文字时，汉语应为解释和说明本合同的标准语言文字。

监理人义务

第四条 监理人按合同约定派出监理工作需要的监理机构及监理人员，向委托人报送委派的总监理工程师及其监理机构主要成员名单、监理规划，完成监理合同专用条件中约定的监理工程范围内的监理业务。在履行合同义务期间，应按合同约定定期向委托人报告监理工作。

第五条 监理人在履行本合同的义务期间，应认真、勤奋地工作，为委托人提供与其水平相适应的咨询意见，公正维护各方面的合法权益。

第六条 监理人使用委托人提供的设施和物品属委托人的财产。在监理工作完成或中止时，应将其设施和剩余的物品按合同约定的时间和方式移交给委托人。

第七条 在合同期内或合同终止后，未征得有关方同意，不得泄露与本工程、本合同业务有关的保密资料。

委托人义务

第八条 委托人在监理人开展监理业务之前应向监理人支付预付款。

第九条 委托人应当负责工程建设的所有外部关系的协调,为监理工作提供外部条件。根据需要,如将部分或全部协调工作委托监理人承担,则应在专用条件中明确委托的工作和相应的报酬。

第十条 委托人应当在双方约定的时间内免费向监理人提供与工程有关的为监理工作所需要的工程资料。

第十一条 委托人应当在专用条款约定的时间内就监理人书面提交并要求作出决定的一切事宜作出书面决定。

第十二条 委托人应当授权一名熟悉工程情况,能在规定时间内作出决定的常驻代表(在专用条款中约定),负责与监理人联系。更换常驻代表,要提前通知监理人。

第十三条 委托人应当将授予监理人的监理权利,以及监理人主要成员的职能分工、监理权限及时书面通知已选定的承包合同的承包人,并在与第三人签订的合同中予以明确。

第十四条 委托人应在不影响监理人开展监理工作的时间内提供如下资料:

(1) 与本工程合作的原材料、构配件、机械设备等生产厂家名录。

(2) 提供与本工程有关的协作单位、配合单位的名录。

第十五条 委托人应免费向监理人提供办公用房、通讯设施、监理人员工地住房及合同专用条件约定的设施,对监理人自备的设施给予合理的经济补偿(补偿金额=设施在工程使用时间占折旧年限的比例×设施原值+管理费)。

第十六条 根据情况需要,如果双方约定,由委托人免费向监理人提供其他人员,应在监理合同专用条件中予以明确。

监理人权利

第十七条 监理人在委托人委托的工程范围内,享有以下权利:

(1) 选择工程总承包人的建议权。

(2) 选择工程分包人的认可权。

(3) 对工程建设有关事项包括工程规模、设计标准、规划设计、生产工艺设计和使用功能要求,向委托人的建议权。

(4) 对工程设计中的技术问题,按照安全和优化的原则,向设计人提出建议;如果拟提出的建议可能会提高工程造价,或延长工期,应当事先征得委托人的同意。当发现工程设计不符合国家颁布的建设工程质量标准或设计合同约定的质量标准时,监理人应当书面报告委托人并要求设计人更正。

(5) 审批工程施工组织设计和技术方案,按照保质量、保工期和降低成本的原则,向承包人提出建议,并向委托人提出书面报告。

(6) 主持工程建设有关协作单位的组织协调,重要协调事项应当事先向委托人报告。

(7) 征得委托人同意,监理人有权发布开工令、停工令、复工令,但应当事先向委托人报告。如在紧急情况下未能事先报告时,则应在24小时内向委托人作出书面报告。

(8) 工程上使用的材料和施工质量的检验权。对于不符合设计要求和合同约定及国家质量标准的材料、构配件、设备,监理人有权通知承包人停止使用;对于不符合规范和质量标准的工序、分部分项工程和不安全施工作业,监理人有权通知承包人停工整改、返工。承包人得到监理机构复工令后才能复工。

(9) 工程施工进度的检查、监督权,以及工程实际竣工日期提前或超过工程施工合同规定的竣工期限的签认权。

(10) 在工程施工合同约定的工程价格范围内,工程款支付的审核和签认权,以及工程结算的复核确认权与否决权。未经总监理工程师签字确认,委托人不支付工程款。

第十八条 监理人在委托人授权下,可对任何承包人合同规定的义务提出变更。如果由此严重影响了工程费用或质量、或进度,则这种变更须经委托人事先批准。在紧急情况下未能事先报委托人批准时,监理人所做的变更也应尽快通知委托人。在监理过程中如发现工程承包人人员工作不力,监理机构可要求承包人调换有关人员。

第十九条 在委托的工程范围内,委托人或承包人对对方的任何意见和要求(包括索赔要求),均必须首先向监理机构提出,由监理机构研究处置意见,再同双方协商确定。当委托人和承包人发生争议时,监理机构应根据自己的职能,以独立的身份判断,公正地进行调解。当双方的争议由政府建设行政主管部门调解或仲裁机关仲裁时,应当提供作证的事实材料。

委托人权利

第二十条 委托人有选定工程总承包人,以及与其订立合同的权利。

第二十一条 委托人有对工程规模、设计标准、规划设计、生产工艺设计和设计使用功能要求的认定权,以及对工程设计变更的审批权。

第二十二条 监理人调换总监理工程师须事先经委托人同意。

第二十三条 委托人有权要求监理人提交监理工作月报及监理业务范围内的专项报告。

第二十四条 当委托人发现监理人员不按监理合同履行监理职责,或与承包人串通给委托人或工程造成损失的,委托人有权要求监理人更换监理人员,直到终止合同并要求监理人承担相应的赔偿责任或连带赔偿责任。

监理人责任

第二十五条 监理人的责任期即委托监理合同有效期。在监理过程中,如果因工程建设进度的推迟或延误而超过书面约定的日期,双方应进一步约定相应延长的合同期。

第二十六条 监理人在责任期内,应当履行约定的义务,如果因监理人过失而造成了委托人的经济损失,应当向委托人赔偿。累计赔偿总额(除本合同第二十四条规定以外)不应超过监理报酬总额(除去税金)。

第二十七条 监理人对承包人违反合同规定的质量要求和完工(交图、交货)时限,不承担责任。因不可抗力导致委托监理合同不能全部或部分履行,监理人不承担责任。但对违反第五条规定引起的与之有关的事宜,向委托人承担赔偿责任。

第二十八条 监理人向委托人提出赔偿要求不能成立时,监理人应当补偿由于该索赔所导致委托人的各种费用支出。

委托人责任

第二十九条 委托人应当履行委托监理合同约定的义务,如有违反则应当承担违约责任,赔偿给监理人造成的经济损失。

监理人处理委托业务时,因非监理人原因的事由受到损失的,可以向委托人要求补偿损失。

第三十条 委托人如果向监理人提出赔偿的要求不能成立，则应当补偿由该索赔所引起的监理人的各种费用支出。

合同生效、变更与终止

第三十一条 由于委托人或承包人的原因使监理工作受到阻碍或延误，以致发生了附加工作或延长了持续时间，则监理人应当将此情况与可能产生的影响及时通知委托人。完成监理业务的时间相应延长，并得到附加工作的报酬。

第三十二条 在委托监理合同签订后，实际情况发生变化，使得监理人不能全部或部分执行监理业务时，监理人应当立即通知委托人。该监理业务的完成时间应予延长。当恢复执行监理业务时，应当增加不超过 42 日的时间用于恢复执行监理业务，并按双方约定的数量支付监理报酬。

第三十三条 监理人向委托人办理完竣工验收或工程移交手续，承包人和委托人已签订工程保修责任书，监理人收到监理报酬尾款，本合同即终止。保修期间的责任，双方在专用条款中约定。

第三十四条 当事人一方要求变更或解除合同时，应当在 42 日前通知对方，因解除合同使一方遭受损失的，除依法可以免除责任的外，应由责任方负责赔偿。

变更或解除合同的通知或协议必须采取书面形式，协议未达成之前，原合同仍然有效。

第三十五条 监理人在应当获得监理报酬之日起 30 日内仍未收到支付单据，而委托人又未对监理人提出任何书面解释时，或根据第三十三条及第三十四条已暂停执行监理业务时限超过六个月的，监理人可向委托人发出终止合同的通知，发出通知后 14 日内仍未得到委托人答复，可进一步发出终止合同的通知，如果第二份通知发出后 42 日内仍未得到委托人答复，可终止合同或自行暂停或继续暂停执行全部或部分监理业务。委托人承担违约责任。

第三十六条 监理人由于非自己的原因而暂停或终止执行监理业务，其善后工作以及恢复执行监理业务的工作，应当视为额外工作，有权得到额外的报酬。

第三十七条 当委托人认为监理人无正当理由而又未履行监理义务时，可向监理人发出指明其未履行义务的通知。若委托人发出通知后 21 日内没有收到答复，可在第一个通知发出后 35 日内发出终止委托监理合同的通知，合同即行终止。监理人承担违约责任。

第三十八条 合同协议的终止并不影响各方应有的权利和应当承担的责任。

监理报酬

第三十九条 正常的监理工作、附加工作和额外工作的报酬，按照监理合同专用条件中第四十条的方法计算，并按约定的时间和数额支付。

第四十条 如果委托人在规定的支付期限内未支付监理报酬，自规定之日起，还应向监理人支付滞纳金。滞纳金从规定支付期限最后一日起计算。

第四十一条 支付监理报酬所采取的货币币种、汇率由合同专用条件约定。

第四十二条 如果委托人对监理人提交的支付通知中报酬或部分报酬项目提出异议，应当在收到支付通知书 24 小时内向监理人发出表示异议的通知，但委托人不得拖延其他无异议报酬项目的支付。

其他

第四十三条 委托的建设工程监理所必要的监理人员出外考察，材料设备复试，其费用支出经委托人同意的，在预算范围内向委托人实报实销。

第四十四条　在监理业务范围内，如需聘用专家咨询或协助，由监理人聘用的，其费用由监理人承担；由委托人聘用的，其费用由委托人承担。

第四十五条　监理人在监理工作过程中提出的合理化建议，使委托人得到了经济效益，委托人应按专用条件中的约定给予经济奖励。

第四十六条　监理人驻地监理机构及其职员不得接受监理工程项目施工承包人的任何报酬或者经济利益。监理人不得参与可能与合同规定的与委托人的利益相冲突的任何活动。

第四十七条　监理人在监理过程中，不得泄露委托人申明的秘密，监理人亦不得泄露设计人、承包人等提供并申明的秘密。

第四十八条　监理人对于由其编制的所有文件拥有版权，委托人仅有权为本工程使用或复制此类文件。

争议的解决

第四十九条　因违反或终止合同而引起的对对方损失和损害的赔偿，双方应当协商解决，如未能达成一致，可提交主管部门协调，如仍未能达成一致时，根据双方约定提交仲裁机关仲裁，或向人民法院起诉。

第三部分　专 用 条 件

第二条　本合同适用的法律及监理依据：

第四条　监理范围和监理工作内容：

第九条　外部条件包括：

第十条　委托人应提供的工程资料及提供时间：

第十一条　委托人应在_____天内对监理人书面提交并要求作出决定的事宜作出书面答复。

第十二条　委托人的常驻代表为_____。

第十五条　委托人免费向监理机构提供如下设施：

监理人自备的、委托人给予补偿的设施如下：

补偿金额=

第十六条　在监理期间，委托人免费向监理机构提供_____名工作人员，由总监理工程师安排其工作，凡涉及服务时，此类职员只应从总监理工程师处接受指示。并免费提供_____名服务人员。监理机构应与此类服务的提供者合作，但不对此类人员及其行为负责。

第二十六条　监理人在责任期内如果失职，同意按以下办法承担责任，赔偿损失[累计赔偿额不超过监理报酬总数(扣税)]：

赔偿金＝直接经济损失×报酬比率(扣除税金)

第三十九条　委托人同意按以下的计算方法、支付时间与金额，支付监理人的报酬：

委托人同意按以下的计算方法、支付时间与金额，支付附加工作报酬：(报酬＝附加工作日数×合同报酬/监理服务日)

委托人同意按以下的计算方法、支付时间与金额，支付额外工作报酬：

第四十一条　双方同意用_____支付报酬，按_____汇率计付。

第四十五条 奖励办法：

奖励金额 = 工程费用节省额×报酬比率

第四十九条 本合同在履行过程中发生争议时，当事人双方应及时协商解决。协商不成时，双方同意由仲裁委员会仲裁(当事人双方不在本合同中约定仲裁机构，事后又未达成书面仲裁协议的，可向人民法院起诉)。

附加协议条款：

8.3 《上海市家庭居室装饰装修施工合同》(示范文本)

发包方(简称甲方)：＿＿＿＿＿＿＿＿＿＿＿＿＿＿＿＿

承包方(简称乙方)：＿＿＿＿＿＿＿＿＿＿＿＿＿＿＿＿

根据《中华人民共和国合同法》、《建筑安装工程承包合同条例》、《中华人民共和国消费者权益保护法》、《中华人民共和国价格法》、《上海市保护消费合法权益条例》，中华人民共和国建设部(1997)92 号文《家庭居室装饰装修管理试行办法》以及其他有关法律法规规定的原则，为保护双方的合法权益，结合本工程的具体情况，双方达成如下协议，共同遵守。

一、概况

(1) 甲方装饰住房系合法居住。乙方为本市经工商行政管理机关核准登记并经市建委有关部门审定具有民用装饰《资质证书》的企业法人。

(2) 装饰施工地点：＿＿＿＿＿区(县) ＿＿＿＿＿路＿＿＿＿弄(村) ＿＿＿＿＿号＿＿＿楼＿＿＿室。

(3) 住房结构：＿＿＿＿＿房型＿＿＿房＿＿＿厅＿＿＿套，施工面积＿＿＿平方米。

(4) 装饰施工内容：详见附件一《装饰施工内容表》。

(5) 承包方式：＿＿＿＿ (包工包料、清包工、部分承包)。

(6) 总价款：￥＿＿＿＿＿＿元，大写(人民币)：＿＿＿＿＿＿＿＿

其中：

材料费：＿＿＿＿＿＿＿，人工费：＿＿＿＿＿＿＿

管理费：＿＿＿＿＿＿＿，设计费：＿＿＿＿

垃圾清运费：＿＿＿＿＿＿，税金(3.41%)：＿＿＿＿＿＿

其他费用：＿＿＿＿＿＿＿

经双方认可，变更施工内容，变更部分的工程款按实另计。

(7) 工期：自＿＿＿＿＿年＿＿＿月＿＿＿日开工，至＿＿＿＿＿年＿＿＿月＿＿＿日竣工，工期＿＿＿天。

二、关于材料供应的约定

(1) 甲方提供的材料：详见附件二《甲方提供材料、设备表》。

本工程甲方负责采购供应的材料、设备，应为符合设计要求的合格产品，并应按时供应到现场，乙方应办理验收手续。如甲方供应的材料、设备发生质量问题或规格差异，乙方应及时向甲方书面提出，甲方仍表示使用的，由此造成工程损失的，责任由甲方承担。甲方供应的材料抵现场后，经乙方验收，由乙方负责保管，乙方可收取甲方提供材料价款保管费，费率由双方约定，由于保管不当造成的损失，由乙方负责赔偿。

(2) 乙方提供的材料：详见附件三《主材料报价单》。

(3) 乙方对甲方采购的装饰材料、设备，均应用于本合同规定的住宅装饰，非经甲方同意，不得挪作他用。如乙方违反此规定，应按挪用材料、设备价款的双倍补偿给甲方。

(4) 乙方供应的材料、设备，如不符合质量要求或规格有差异，应禁止使用。如已使用，对工程造成的损失由乙方负责。如乙方提供的材料、设备系伪劣商品，应按材料、设备价款的双倍补偿给甲方。

三、关于工程质量及验收的约定

(1) 本工程执行 DBJ 08—62—97《住宅建筑装饰工程技术规程》、DB 31/T30—1999《住宅装饰装修验收标准》和市建设行政主管部门制定的其他地方标准、质量评定验收标准。

(2) 本工程由＿＿＿＿＿＿方设计施工方案。

(3) 甲方提供的材料、设备质量不合格而影响工程质量，其返工费用由甲方承担，工期顺延。

(4) 由于乙方原因造成质量事故，其返工费用由乙方承担，工期不变。

(5) 在施工过程中，甲方提出设计修改意见及增减工程项目时须提前与乙方联系，在签订《工程项目变更单》(详见附件)后，方能进行该项目的施工，由此影响竣工日期甲、乙双方商定。凡甲方私自与工人商定更改施工内容所引起的一切后果，甲方自负，给乙方造成损失的，甲方应予赔偿。

(6) 工程验收。甲、乙双方应及时办理隐蔽工程和中间工程的检查与验收手续，甲方不能按预约规定日期参加验收，由乙方组织人员进行验收，甲方应予承认。事后，若甲方要求复验，乙方应按要求办理复验。若复验合格，其复验及返工费用由甲方承担，工期也予顺延。

(7) 工程竣工：乙方应提前三天通知甲方验收，甲方应自接到通知三日内组织验收，并办理验收移交手续(详见附件《工程质量验收单》)。如甲方在规定时间内不能组织验收须及时通知乙方，另定验收日期。如通过竣工验收，甲方应承认原竣工日期，并承担乙方的看管费用和其他相关费用。

四、有关安全生产和防火约定

甲方提供的施工图纸、做法说明及施工场地应符合防火、防事故的要求，主要包括电气线路、煤气管道、自来水和其他管道畅通、合格。乙方在施工中应采取必要的安全防护和消防措施，保障作业人员及相邻居民的安全，防止相邻居民住房的管道堵塞、渗漏水、停电、物品毁坏等事故发生。如遇上述情况发生，属甲方责任的，甲方负责和赔偿；属于乙方责任的，乙方负责修复和赔偿。

五、关于工程价款及结算的约定

(1) 工程款付款方式见下表：

工程款付款方式

	付款时间	付款百分比	金 额
对预算设计认可	签订合同之日		1000元，第二次付款时扣除
合同签订后	开工前二至五天	65%	
施工过程中	工期进度过半	30%	
竣工验收	当 天	5%	
增加工程项目	签订项目变更表	100%	

注：装饰工程有形市场另有规定的，亦可按市场规定办理。

(2) 工程结算：详见附件六《工程结算单》。

(3) 工程保修期壹年。须工程款全部结清，甲、乙双方方能签订《工程保修单》(详见附件七)，保修期从竣工验收签章之日起算。

(4) 双方款项往来，均应出具收据，施工结束须开具发票。

六、其他事项

1. 甲方工作

(1) 甲方应在开工前一天，向乙方提供经物业管理部门认可的施工图纸或做法说明____份，并向乙方进行现场交底。全部腾空或部分腾空房屋，清除影响施工的障碍物。对只能部分腾空的房屋中所滞留的家具、陈设等应采取保护措施。向乙方提供施工需用的水、电等必备条件，并说明使用注意事项。

(2) 做好施工中因临时性使用公用部位操作以及产生影响邻里关系等的协调工作。

(3) 如确实需要拆改原建筑结构或设计管线，负责到所在地房管部门或物业管理部门办理相应审批手续，并承担有关费用。

2. 乙方工作

(1) 参加甲方组织的施工图纸或做法说明现场交底。

(2) 指派____为乙方驻工地代表，负责合同履行。按要求组织施工，保质、保量、按期完成施工任务，解决由乙方负责的各项事宜，对其行为乙方应予认可。如更换人员，乙方应及时书面通知甲方。

(3) 未经甲方同意和所在地房管或物业管理部门批准，不得随意拆改原有建筑承重结构及各种共用设备管线。

七、违约责任

(1) 由于甲方原因导致延期开工或中途停工，甲方应补偿乙方因停工、窝工所造成的损失，每停工或窝工一天，甲方付乙方____元；甲方未按合同的约定付款的，每逾期一天，按逾期未付款的____%支付违约金。

(2) 由于乙方原因逾期竣工的，每逾期一天，乙方按甲方已付款的____%向甲方支付违约金。

(3) 甲方未办理有关手续，强行要求乙方拆改原有建筑承重结构及共用设备管线，由此发生的损失或事故(包括罚款)由甲方负责并承担责任。

(4) 乙方擅自拆改原有建筑承重结构或共用设备管线，由此发生的损失或事故(包括罚款)，由乙方负责并承担责任。

八、纠纷处理方式

(1) 因工程质量双方发生争议时，凭本合同文本和施工企业开具的统一发票，可向上海市建筑装饰协会家庭装饰委员会商请调解，也可向所在区、县建设行政主管部门或消费者协会投拆。

(2) 当事人不愿通过协商、调解解决，或协商、调解解决不成时，可以按照本合同约定向市仲裁委员会申请仲裁，人民法院提起诉讼。(将不选定的解决方式划出)

九、合同的变更和解除

(1) 合同经双方签字(在有形市场签订的合同须经市场管理部门盖章见证)生效后，双方必须严格遵守。任何一方需变更合同内容，应经协商一致后，重新签订补充协议。如要终止合同，提出终止合同一方，要以书面形式提出，应按合同总价款 _____%支付违约金，并办理终止合同手续。

(2) 施工过程中任何一方提出终止合同，须向另一方以书面形式提出，经双方同意办理清算手续，订立终止合同协议，可视为本合同解除。

十、其他约定

(1)

(2)

(3)

十一、本合同一式____份，甲、乙双方各执一份，具有同等法律效力。合同附件为本合同的组成部分。

甲方(签章): _____　　　乙方(签章): _____

委托代理人: _____　　　法定代表人: _____

住址: _____　　　地址: _____

电话: _____　　　电话: _____

邮编: _____　　　邮编: _____

签订日期: _____年___月___日

签订地点: _____

8.4　合同争议调解与解除工作程序

合同争议的调解工作程序，如图 8-1 所示。

合同解除工作程序，如图 8-2 所示。

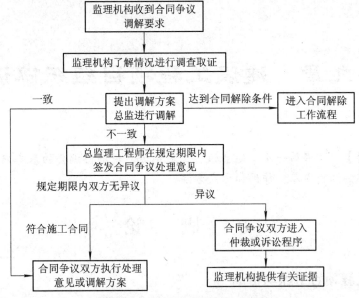

图 8-1 合同争议的调解工作程序

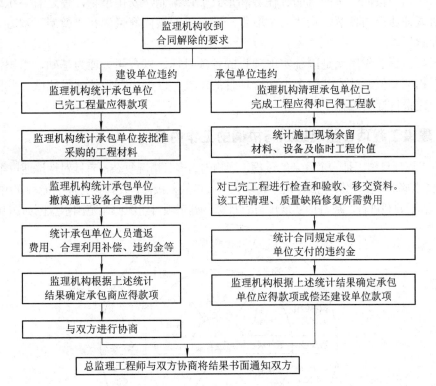

图 8-2 合同解除工作程序

第九章　建设工程项目组织协调

【**学习目标**】　掌握第一次工地会议、工地例会、现场协调会的基本内容；明确组织协调内部、外部协调的内容、作用和方式方法。

9.1　概　　论

9.1.1　建设工程项目组织与协调

组织是指"按照一定的目的、任务和形式加以编制，安排事物，使之有系统或构成整体"。协调即协商与调解，指"为了取得一致意见而共同商量"和"斡旋于双方之间以便使双方和解"。

组织与协调的作用就是围绕实现项目的各项目标，以合同管理为基础，组织协调各参建单位、相邻单位、政府部门全力配合项目的实施，以形成高效的建设团队，共同努力去实现工程建设目标的过程。

9.1.2　建设工程项目监理组织与协调的工作内容

建设工程项目施工是一个复杂的过程，影响因素多且情况复杂，有针对性地通过组织协调，及时沟通，排除障碍，化解矛盾，充分调动有关人员的积极性，发挥各方面的能动作用，以保证项目施工活动顺利进行，更好地实现项目总目标。施工项目组织协调范围示意图如图9-1所示。

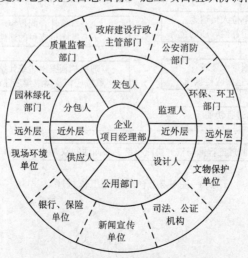

图 9-1　施工项目组织协调范围示意图

1. 项目监理机构内部的协调

项目监理机构内部包括以下三种协调:

(1) 项目监理机构内部人际关系的协调。

① 在人员安排上要量才录用;

② 在工作委任上要职责分明;

③ 在成绩评价上要实事求是;

④ 在矛盾调解上要恰到好处。

(2) 项目监理机构内部组织关系的协调。

① 在职能划分的基础上设置组织机构;

② 明确规定每个部门的目标、职责和权限;

③ 事先约定各部门在工作中的相互关系;

④ 建立信息沟通制度;

⑤ 及时消除工作中的矛盾和冲突。

(3) 项目监理机构内部需求关系的协调。

① 对监理设备、材料的平衡;

② 对监理人员的平衡。

2. 与业主关系的协调

与业主关系的协调有以下内容:

(1) 监理工程师要理解建设工程的总目标,理解业主的意图;

(2) 做好监理宣传工作,增进业主对监理工作的理解;

(3) 尊重业主,让业主一起投入到建设工程的全过程。

3. 与承包商的协调

与承包商的协调有以下内容:

(1) 坚持原则,实事求是,严格按规范、规程办事。

(2) 协调不仅是方法、技术问题,更多是语言艺术、感情交流和用权适度。

(3) 施工阶段的协调工作内容。

(4) 与承包商项目经理关系的协调。

(5) 进度问题的协调。

(6) 质量问题的协调。

(7) 对承包商违约行为的处理。

(8) 合同争议的协调。

(9) 对分包单位的管理。

(10) 处理好人际关系。

4. 与设计单位的协调

与设计单位的协调有以下内容:

(1) 真诚尊重设计单位的意见。

(2) 及时向设计单位提出施工中出现的问题，以免造成大的损失。

(3) 注意信息传递的及时性和程序性。

5. 与政府部门及其他单位的协调

与政府部门及其他单位的协调有以下内容：

(1) 与政府部门的协调。

① 做好与工程质量监督站的交流和协调；

② 发生重大质量事故，敦促承包商及时向政府有关部门报告，接受检查和处理；

③ 工程合同应公证，并报政府建设管理部门备案，做好施工现场的文明施工等。

(2) 协调与社会团体的关系。一些大型工程建设能给当地的经济发展和人民生活带来好处，业主和监理应该把握机会，争取社会各界对工程的关心和支持。

9.1.3　建设工程项目监理组织与协调的工作原则及方法

建设工程项目监理组织与协调的工作原则及方法包括以下内容：

(1) 守法是组织与协调工作的第一原则。必须在国家和有关工程建设的法律、法规的许可范围内去协调、去工作。对于业主项目部，更应该严格遵守法律法规，只有这样，才能做好组织与协调工作。

(2) 组织协调要维护公正原则。要站在项目的立场上，公平的处理每一个纠纷，一切以最大的项目利益为原则。做好组织与协调工作，就必须按照合同的规定，维护合同双方的利益。这样，最终才能维护好业主的利益。

(3) 协调与控制目标一致的原则。在工程建设中，应该注意质量、工期、投资、环境、安全的统一，不能有所偏废。协调与控制的目标是一致的，不能脱离建设目标去协调，同时要把工程的质量、工期、投资、环境、安全统一考虑，不能强调某一目标而忽视其他目标。

协调的方法和艺术是协调是否富有成效、发挥作用的关键。在建设工程项目的施工中采用以经济调控为主、思想工作为先、行政干预为补充的综合协调的方法。

9.2　工　地　会　议

会议是施工过程中及时发现问题、解决问题的主要途径之一。建设工程项目监理工作会议常为三种形式：第一次工地会议、工地例会、现场协调会。

1. 第一次工地会议

第一次工地会议的准备工作应在施工准备阶段进行，且在正式开工前召开。第一次工地会议主要有业主、监理、承包人及有关方面人员参加。通过第一次工地会议，业主、监理、承包人的组织机构得以澄清，主要人员的姓名、职务也都予以明了，便于在施工过程中的联系。通过第一次工地会议，明确施工程序，以便于施工工作的实施。

2. 经常性工地会议(例会)

一般一星期召开一次，特殊情况另定。会议主要内容为审查工程进度，分析影响进度原因，找出解决办法；审查现场情况，落实人工、机械、材料是否适应工程需要；审查工程质量，针对工程质量缺陷及控制标准、施工工艺等提出整改意见；审查工程支付中的各项问题；审查施工安全事项，消除事故隐患；有关延期索赔意向及澄清；其他方面的问题。

3. 现场协调会

不定期根据现场需要召开现场协调会，就工作安排、近期施工现场问题(如进度、工程质量、工程变更等具体问题)进行研究处理。

第十章　建设工程项目监理文件

【学习目标】　掌握建设工程项目监理大纲、监理规划、监理实施细则编制的时间和目的；明确编写主要内容；了解编写目的和作用。

建设工程监理工作文件是指监理大纲、监理规划、监理实施细则。它们之间存在着明显的依据性关系，侧重点又不相同，见表 10-1。

表 10-1　建设工程监理工作文件不同点比较表

文件名称	编制人	编制时间和目的	编制主要内容
监理大纲	技术部门	招标阶段 胜任工作、竞争中中标	为什么做(主) 做什么(次)
监理规划	总监理工程师	签订合同后 指导监理的全部工作	做什么(重点) 怎么做(重点)
监理实施细则	各专业监理工程师	确定职责后 指导各专业监理工作	做什么(重点)

10.1　监 理 大 纲

1. 监理大纲

监理大纲又称监理方案，是监理单位在业主开始委托监理的过程中，特别是在业主进行监理招标过程中，为承揽到监理业务而编写的监理方案性文件。监理单位编制监理大纲有以下两个作用：一是使业主认可监理大纲中的监理方案，从而承揽到监理业务；二是为项目监理机构今后开展监理工作制定基本的方案。

2. 监理大纲编写格式

编写监理大纲应该包括以下方面：

(1) 工程概况：建设单位名称、监理项目名称、建设地点、占地面积(建筑面积、结构类型、层数)、项目总投资、建设工期、计划开工日期、计划竣工日期、其他。

(2) 监理工作的阶段和任务：决策、招标(设计施工)、设计、施工、竣工保修。

(3) 监理的范围和目标：本工程建设项目监理的范围、目标(投资、工期、质量)，组织形式，投资控制的任务，进度控制的任务，质量控制的任务，合同管理的任务，信息管理的任务，组织协调的任务，其他服务，技术装备(附表说明)，监理报告目录，附件(监理过的典型工程建设项目介绍，拟派工程师的证件及成果)。

10.2　监　理　规　划

1. 监理规划

监理规划是监理单位接受业主委托并签订委托监理合同之后，在项目总监理工程师的主持下，根据委托监理合同，在监理大纲的基础上，结合工程的具体情况，广泛收集工程信息和资料的情况下制定，经监理单位技术负责人批准，用来指导项目监理机构全面开展监理工作的指导性文件。从内容范围上讲，监理大纲与监理规划都是围绕着整个项目监理机构所开展的监理工作来编写的，但监理规划的内容要比监理大纲更翔实、更全面。

2. 监理规划编写格式

编写监理规划应该包括以下方面：

(1) 工程建设项目概况：建设单位名称、建设地点、预计工程总投资，项目组建及建筑规模，主要结构类型，预计项目工期，工程质量，设计施工单位名称。

(2) 监理范围和内容：立项阶段，设计、施工招标、材料物质采购供应、施工、合同、建设单位委托的其他服务。

(3) 主要监理的措施和方法：投资、质量、进度、合同、信息、组织协调。

(4) 监理组织：组织机构、职责分工。

(5) 监理工作制度：立项工作、设计、施工招标、施工、内部工作制度。

3. 案例

安徽省×××住宅小区工程监理规划

20××年×月××日至20××年×月××日

目录

一、编制依据

(1) ×投资有限公司和我公司签订的×××住宅小区工程监理合同；

(2) ××××投资有限公司和承建商签订的工程施工合同；

(3) ××××规划建筑设计有限公司设计的施工图纸及××××建筑工程施工图审查有限公司审查的××××工程审图意见；

(4) ××地质工程勘察院提供的岩土工程勘察报告；

(5) 国家和地方有关工程建设的法律、法规；

(6) 国家现行的质量检验评定标准、质量验收规范、规程等。

二、工程概况

××××住宅小区工程位于安徽省××市××路与千岛湖路交叉口，建筑面积约 290 000 m²，其中有四栋 33 层、二栋 31 层、二栋 28 层，其余均为 18 层剪力墙结构。

混凝土工程：9#、10#、13#、14#楼，标高 15.170 m 以下的剪力墙柱砼强度等级为 C40，梁、板砼强度等级均为 C30；标高 15.170～26.770 m 的剪力墙柱砼强度等级为 C35，梁、板砼强度等级均为 C30；标高 26.770～47.070 mm 的剪力墙柱砼强度等级为 C30，梁、板砼强度等级均为 C30；标高 47.070m 以上的剪力墙柱及梁、板砼强度等级均为 C25。地下室砼抗渗等级为 P6。4#、11#、15#、22#楼等，略。

本工程，地面做法：用于住宅门厅、架空层和不含厨房、卫生间、浴室的其他房间为防滑地砖面层，素土夯实，150 厚碎石夯入土中，80 厚 C15 砼垫层，水泥浆一道(内掺胶水)，20 厚 1：2 水泥砂浆表面扫毛，防滑地砖(600 mm×600 mm)；用于厨房、卫生间地面为防滑瓷砖面层，素土夯实，150 厚碎石、80 厚 C15 砼垫层，水泥浆一道(内掺胶水)，最薄处 15 厚 1：3 水泥砂浆找坡找平层，2 厚聚合物水泥基防水涂料两道(周边在墙根抹灰基层上翻室内标高以上 300 后，抹灰面层覆盖，淋浴、水池、浴盆处加高至 1800)，30 厚 C20 细石砼，表面做 1：1 水泥砂子随打随抹光，贴防滑瓷砖；用于架空自行车库水泥砂浆面层为地下室顶板、水泥浆一道(内掺建筑胶)，最薄处 15 厚 1：3 水泥砂浆找平层，2 厚聚合物水泥基防水涂料两道(周边在墙根抹灰基层上翻室外标高以上 400 后，抹灰面层覆盖)，30 厚 C20 细石砼，表面做 1：1 水泥砂子随打随抹光；用于室外台阶踏步为碎拼大理石板面层，素土夯实，300 厚 3：7 灰土分两步夯实，宽出面层 100、60 厚 C15 砼台阶面向外坡 1%，素水泥浆一道(内掺建筑胶)，20 厚 1：3 干硬性水泥砂浆粘接层、撒素水泥面，20-30 厚碎石拼彩色大理石板铺面，1：2 水泥砂浆勾缝。楼面做法：用于电梯厅、公共走廊为防滑地砖面层，混凝土楼面、水泥浆一道(内掺建筑胶)，20 厚 1：2.5 水泥砂浆赶实压光，贴防滑地砖；用于楼梯间和住宅室内不含厨房、卫生间的其他房间为水泥砂浆面层，混凝土楼面、水泥浆一道(内掺建筑胶)，20 厚 1：2.5 水泥砂浆赶实压光；用于卫生间、厨房为防滑瓷砖楼面，混凝土楼面、水泥浆一道(内掺建筑胶)，最薄处 15 厚 1：3 水泥砂浆找坡层，2 厚聚合物水泥基防水涂料两道(周边在墙根抹灰基层上翻室内标高以上 1800 后，抹灰面层覆盖)，30 厚 C20 细石砼，表面撒 1：1 水泥砂子随打随抹光、贴防滑瓷砖；用于厨房楼面为防滑瓷砖楼面，混凝土楼面、水泥浆一道(内掺建筑胶)，2 厚聚合物水泥基防水涂料两道(周边

在墙根抹灰基层上翻室内标高以上 300 后,抹灰面层覆盖,水池处增加高至 1800),30 厚
C20 细石砼,表面撒 1∶1 水泥砂子随打随抹光,贴防滑瓷砖(300 mm × 300 mm);用于阳
台楼面为水泥砂浆楼面,混凝土楼面、水泥浆一道(内掺建筑胶),最薄处 15 厚 1∶3 水泥
砂浆找坡层找坡 0.5%,20 厚 1∶2.5 水泥砂浆抹平。内墙面做法:用于门厅、楼梯间及套
内其他房间内墙为涂料面层,200 厚普通混凝土空心砌块,9 厚 1∶1∶6 水泥石灰膏砂浆打
底扫毛,6 厚 1∶1∶4 水泥石灰膏浆粉平、白腻子两道,亚光优质白色耐擦洗白色乳胶漆
二道饰面;用于厨房、卫生间内墙面为瓷砖面层,200 厚普通混凝土空心砌块,9 厚 1∶2.5
水泥砂浆打底扫毛(淋浴、浴盆处加防水层至 1800 高),6 厚 1∶3 聚合物水泥砂浆打底扫毛,
贴瓷砖(550 mm × 300 mm 高度不低于 2.6 m);用于电梯门套内墙面为大理石贴面,200 厚
普通混凝土空心砌块,9 厚 1∶2.5 水泥砂浆打底扫毛,6 厚 1∶3 聚合物水泥砂浆打底扫毛,
大理石贴面。外墙装饰工程:用于外墙干挂石材饰面做法为基层墙体、幕墙预埋件及次龙
骨,10 厚 1∶3 抗裂砂浆打底找平,干挂石材幕墙饰面由设计单位二次设计;用于外墙涂
料饰面做法为基层墙体,10 厚 1∶3 抗裂砂浆打底找平,2 厚界面剂砂浆,50 厚胶粉聚苯
颗粒保温浆料,5 厚抗裂砂浆复合耐碱玻纤网格布一层(首层 8 厚抗裂砂浆复合耐碱玻纤网
格布两层),弹性底涂,柔性耐水腻子、弹性涂料饰面层;用于无需保温的构件做法为 10
厚 1∶3 抗裂砂浆打底找平,6 厚 1∶2.5 水泥砂浆找平扫毛、弹性涂料饰面层。门窗工程:
窗为段热铝合金窗,深灰色框料,玻璃为 6 + 12A + 6 彩色低辐射中空玻璃;门为木质防火
门。屋面工程:屋面防水等级为二级,其中,不上人屋面做法为钢筋混凝土板,起始 1.5
米内 1∶3 水泥砂浆找坡,最薄处 30 厚、1.5 米外 1∶6 聚苯乙烯泡沫混凝土 ±2%找坡、设
排气孔,20 厚 1∶3 水泥砂浆找平层,2 厚合成高分子防水涂膜、基层处理剂,3 厚自粘型
聚酯胎 SBS 卷材防水层,40 厚挤塑聚苯泡沫塑料板拼接处贴胶带、设盲沟,25 厚 1∶3
水泥粘稠粉砂浆内配 1.2 厚钢板网,网孔 5 × 12.5,分缝处钢丝网断开,双向分缝中距为
1.5 米、缝宽 10 嵌密封胶;上人屋面做法为钢筋混凝土板,起始 1.5 米内 1∶3 水泥砂浆
找坡,最薄处 30 厚、1.5 米外 1∶6 聚苯乙烯泡沫混凝土±2%找坡、设排气孔,20 厚 1∶3
水泥砂浆找平层,2 厚合成高分子防水涂膜、基层处理剂,3 厚自粘型聚酯胎 SBS 卷材防
水层,40 厚挤塑聚苯泡沫塑料板拼接处贴胶带、设盲沟,0.8 厚土工布隔离层,40 mm 厚
C20 细石砼随捣随抹,内配 Φ4b@100 × 100 双向钢筋网片,双向分格缝中距为 3 米,分
格缝处钢丝网断开,缝宽下 25 上 30,嵌密封胶;钢筋砼雨棚做法为钢筋混凝土板,1∶3
水泥砂浆 2%找坡,20 厚 1∶3 水泥砂浆找平层,2 厚合成高分子防水涂膜、基层处理剂,
3 厚自粘型聚酯胎 SBS 卷材防水层,20 厚 1∶3 水泥砂浆保护层,双向分缝中距为 1.5 米、
缝宽 10 嵌密封胶。

三、监理工作目标和范围

1. 监理工作目标

(1) 工期目标:24 个月;

(2) 质量等级:合格;

(3) 投资控制:总价约为 2.5 亿元,待竣工后,按照承包合同及协议书进行结算。

2. 监理范围

本工程的土建及所属的水、电安装工程,从项目工程开工之日起至工程竣工验收全部

工程质量、进度和投资的监理。

四、组织机构、人员配备、岗位职责

(1) 经公司研究决定，该工程由公司×××项目监理部承担监理任务。

现场组织机构图：该工程为直线式。

(2) 项目监理部成员一览表：

姓　名	专业	职　务	监 理 工 作 职 责
王××	工民建	总监理工程师	项目监理总负责人
赵××	工民建	总监代表	行使总监授予的部分职权
章×	工民建	现场监理	土建质量、进度、投资、安全控制，合同、信息管理
吴×	工民建	现场监理	土建质量、进度、投资、安全控制，合同、信息管理
贾××	工民建	现场监理	土建质量、进度、投资、安全控制，合同、信息管理
杨××	水电	水电监理工程师	水电质量、投资、进度、安全控制
毕××	工民建	现场监理	土建质量、进度、投资、安全控制，合同、信息管理
赵×	工民建	现场监理	土建质量、进度、投资、安全控制，合同、信息管理
鲁××	工民建	现场监理	土建质量、进度、投资、安全控制，合同、信息管理
沈××	工民建	现场监理	土建质量、进度、投资、安全控制，合同、信息管理

以上监理人员根据现场工程进度情况陆续进场。

项目监理部是监理公司派驻施工现场的监理组织机构，根据工程施工监理合同所规定，代表建设单位负责实施对工程施工阶段的监理；监理部实行总监理工程师负责制，总监理工程师作为监理单位履行工程监理合同的全权代理人，严格按照工程监理合同要求开展工作，总监可以委托总监理工程师代表行使授予的部分权力；专业监理工程师，在总监理工程师的领导下，对本专业范围内的工作向总监理工程师负责，并有监理签证权。

(3) 岗位职责：

① 项目总监理工程师：对工程建设监理合同的实施负全面责任，并定期向公司报告；组织编制工程项目监理规划和监理实施细则；主持监理工作会议，签发重要监理文件，下达重要指令；审批签署承包单位申报的重要申请和费用支付证书；组织编制并签发监理月报；组织审查承包单位的竣工申请，组织整理工程竣工监理资料档案，并对监理工作做全面总结。

② 监理工程师代表：行使总监交办的部分职权。

③ 监理工程师：在总监理工程师的领导下，按专业分工全面履行岗位职责。

④ 监理员：执行监理工程师的指令和交办的任务。

(4) 检验、测量和试验设备：

根据本工程特点，本工程使用以下仪器：

序号	名 称	规格型号	数量	配备形式	备注
1	检查工具包		1套	随工地	
2	经纬仪	J6	1台	需要时领用	
3	数码相机		1台	随工地	
4	水准仪	S3D	1台	需要时领用	
5	坍落度筒		1	随工地	

建立监视和测量装置使用台帐，保存监视和测量装置使用记录，并对监视和测量装置的控制。

(5) 监理工作内容：

① 审查施工单位各项施工准备工作，下达开工通知书。

② 监督施工单位现场施工管理体制和施工现场质量保证体系的建立、健全与实施，并审查实施方案和具体措施。

③ 审查施工单位提交的施工组织设计、施工技术方案和施工进度计划，并督促实施。

④ 复核已完工程量，签署工程付款凭证，审核施工图预算和竣工决算。

⑤ 审查工程使用的原材料、半成品、成品和设备的质量，必要时进行测试和监控，负责督促施工单位对原材料的质量进行见证取样复试与验收。

⑥ 督促施工单位严格按规范、规程、标准和设计要求的质量标准施工，在施工过程中出现较严重质量问题时，立即对施工单位采取措施，并书面将情况通知建设单位。

⑦ 负责抽查工程施工质量，向建设单位提交已完分项工程质量检验评定表，对隐蔽工程进行复验签证，负责牵头组织工程质量事故分析及处理。

⑧ 分阶段进行进度控制，及时提出调整意见。

⑨ 强化合同管理，处理合同纠纷和索赔事宜，协调建设单位与施工单位之间的争议。

⑩ 督促、检查安全生产，文明施工。

⑪ 督促施工单位整理合同文件及施工技术档案资料。

⑫ 组织市工程质量监督站对施工单位施工的基础工程,主体结构工程的施工质量进行阶段验收，参与竣工初验以及最终验收，并对工程施工质量提出监理评估意见。

⑬ 负责土建、安装等施工单位之间的协调工作，组织参与他们工序上的交接验收。

⑭ 保修期间如发生工程质量问题，应协助检查工程状况，鉴定工程质量问题责任，督促施工单位进行维修。

⑮ 负责组织和参与检查工程项目使用前的各项准备工作。

五、监理工作权限

(1) 施工组织设计、施工技术方案和施工进度计划须经项目总监理工程师审查修改认可后，根据下达的开工令才能开工。

(2) 工程上使用的原材料、半成品、成品和设备的质量必须经专业监理工程师复核签证认可后，才能进行下一道工序施工。

(3) 工程验收签字权。凡隐蔽工程或分项工程完工，必须经专业监理工程师复核签证认可后，才能进行下一道工序施工。经济隐蔽工程必须有三方主要负责人到场后，现场量测，并在三天内办理签字手续，否则不予认可。

(4) 工程付款签证权。已完工程形象进度，施工单位完成的分部分项工程结算等工程建设款项，必须经总监理工程师签证认可后，建设单位才可以支付。涉及合同及预算之外的经济签证，由总监理工程师签证，经建设单位复核签证后，方可支付。

(5) 预、决算审核权。对施工单位提供的进度用款必须经专业监理工程师审核后报业主；施工单位编制的预、决算必须由专业监理人员审核，经总监理工程师签证后交建设单位核定。

(6) 工程质量的监督管理权。各专业监理工程师有权随时抽检、测试工程质量，有权随时监督各工种施工，有权指令施工单位按规程、规范操作。

(7) 下达停工令和复工令。对于施工单位不符合质量标准、规范、图纸等要求进行的施工，监理工程师可签发整改通知单，限期整改。严重危及安全、质量时，总监理工程师有权签发"停工通知单"，并立即报告建设单位，直至整改验收合格后才准复工。

(8) 合同条款的解释权与管理权。监理工程师在合同的执行中有权对合同条款进行解释，并采取相应的措施提高施工单位现场管理人员的合同意识，按合同条款及有关文件管理工程项目的建设，确保进度目标的实现。

(9) 索赔费用的核定权。监理工程师对施工单位提出的索赔及建设单位提出的反索赔，应该核定依据及其费用的金额，并通过合同管理尽量减少索赔事件的发生。

(10) 有效开展协调工作的权力。监理工程师通过信件、通知、指令及会议纪要等形式对合同进行管理，协调建设单位与施工单位之间、监理单位与施工单位之间、各施工单位之间的关系，定期召开协调会议，检查进度、计划、质量、安全控制的执行情况。

六、主要监理措施

1. 投资监控

项目监理部中设置投资控制监理工程师，全面负责该工程投资管理工作，并和有关部门配合，审核施工单位的工程预算和决算。协助建设单位业主在材料、设备采购中，通过质量价格比较，合理确定生产供应厂家。协助建设单位慎重对待工程变更，事前做好技术经济合理性分析，以免对工程造价产生影响。严格经济签证，凡涉及经济费用支出的停工、窝工、合同外用工、使用机械、材料代用、材料调价等的签证，均应按合同规定办理，授权监理公司签证的，总监理工程师最后签证后方才有效。审核已完工程进度拨款报表及各种工程款拨付单据，防止过早、过量的资金支付。协助建设单位搞好材料、设备、土建及其他外部配合工作，避免造成对方索赔的条件和机会。在确保工程质量的前提下，可以对原设计或施工方案提出合理化建议，以节约投资。完善价格信息制度，及时掌握国家调价的范围和幅度，主动向建设单位报告工程投资的动态状况。定期、不定期地进行计划费用与实际开支费用的比较分析，并提出工程费用控制突破的方案和措施。

2. 进度监控

编制项目实施进度计划；审核施工单位提交的施工总进度计划能否满足总工期要求，

并提出合理意见。审核施工单位提交的施工方案，检查其能否保证工期，充分利用时间、空间，能保证"全天候"施工的技术组织措施的可行性、合理性；制定由建设单位供应的材料、设备采供计划，提出项目所需量及供应时间参数。审批施工单位提交的月(季)度施工作业计划，督促施工单位月(季)度施工计划的实施。审核施工单位每月工程进度完成报表，审核的要点是计划进度与实际进度的差异，形象进度、实物工程量指标完成情况的一致性。认真进行进度、计量方面的签证。进度、计量方面的签证是支付工程进度款、计算索赔、延长工期的重要依据。各专业监理工程师需在有关原始凭证上签署，最后由总监理工程师核签后方为有效。对工程进度进行动态管理，实际进度与计划进度发生差异时，应分析产生的原因，并提出进度调整的措施和方案。

——技术措施：如缩短工艺时间，减少技术间歇期，实行平行流水立体交叉作业等。

——组织措施：如增加作业队数，增加工作人数，增加工作班次等。

——经济措施：如实行包干奖金，提高计件单价，提高奖金水平等。

——其他配套措施：如改善外部配合条件，改善劳动条件，实施强有力的调度等。组织现场协调会，对其中有关进度问题提出监理意见，现场协调会应印发协调会纪要，定期向总监理工程师、建设单位报告有关工程进度情况。

3. 质量监控

(1) 建立健全监理组织机构，完善职责及有关质监制度，落实质量控制的运作，实行"三全"(全过程、全天候、全方位)管理到位。

(2) 施工准备工作的监理。施工单位在工程开工前十五天应将施工组织设计(包括施工组织体制、技术管理制度及质保体系)报送监理部进行审核，监理部将审核意见于开工前七天用书面函告知施工单位。

熟悉图纸和有关设计文件、规范、规程、标准，参加图纸会审，了解设计意图及技术要求，力争把设计图纸中的疑点解决在施工之前。图纸会审记录，经有关参与方签证后，作为设计文件之一，由监理部负责督促执行。

监督施工现场的质检验收，现场定位轴线及高程标桩的测设、验收，并督促施工方对上述标志进行保护。

开工时，检查施工单位是否按投标书上确定的现场管理人员到岗。

审核施工单位对工程质量有重大影响的施工机械设备、衡器、量具、计量装置等。

(3) 原材料、半成品、成品及设备的监控。用于工程上的所有材料，如钢筋、水泥以及半成品、成品和各种构件等，进场时必须出具正式的合格证和材质化验单等有关技术资料，施工单位还应按有关规定进行检验复试，然后将上述资料一并交监理部复核验证，否则一律不准用于工程上；主要装修材料、管件、门窗及主要设备在订货前，施工单位应提出样品(或看样)及有关供货厂家情况，单价资料向监理部申报，经设计单位、建设单位研究同意后方可订货。钢筋焊接头应抽样检验，其机械性能须符合规范要求。

工程中所用的构件，如由于运输及安装等原因出现质量问题时，应进行分析研究，采取处理措施，经专业监理工程师同意后方能使用。

检查加工订货的主要材料、设备及备件等是否符合设计文件或标书所规定的厂家、型号、规格和标准。

材料试验单位的资质审查凭证应提交监理部审查认可。

(4) 施工工艺过程质量监控。表中列出的"控制手段"有以下几种：

观察：指以"目视"、"目测"进行的检查监督。

现场检查、旁站：指以现场巡视、观察及量测等方式进行的检查监督。

量测：指用简单的手持式量尺、量具、量器(表)进行的检查监督。

测量：指借助于测量仪器、设备进行的检查。

试验：指通过试件，取样进行的试验检查，或通水、通电、通气进行的试验等。

附表九中所列的项目需要监理工程师签证的，均应在施工单位自检确认(签字)后，提前一天交监理部复验签证。

(5) 隐蔽工程验收。

所有隐蔽工程均应在总承包单位自行验收确认(签字)后，提前 24 小时交监理部各专业监理工程师复验签证(同时必须提供配料单大样图)，未经查验签证一律不得进行隐蔽。

分部工程(或分阶段)隐蔽验收系指分部工程已施工完的验收，如基础验收，装饰工程前的结构验收(包括质量问题的处理)，应作出质量的综合评估，因此施工单位应在验收前三天将工程验收单提交监理部，经监理部会同建设单位和施工单位等共同进行验收签证，并根据需要请质监站核验。

(6) 工序交接检查。坚持上道工序不经检查验收不准进行下道工序施工的原则。上道工序完成后，先由施工单位进行自检、专职检，认为合格后书面通知现场监理工程师会同检查，经检验合格签字认可后方能进行下一道工序施工。

(7) 工程变更和设计变更、技术核定的处理。所有变更和核定必须由专业监理工程师审核，同时与建设单位或设计单位联系磋商同意后，由总监理工程师或委托的代表签字后方可实施。

(8) 行使质量监督权，下达停工指令。为了保证工程质量，出现下列情况之一者，监理工程师有权责令施工单位立即停工整改，并报请总监签署停工通知。

① 隐蔽项目未经检验即进行下一道工序作业者。

② 工程质量下降，经指出后，未采取有效改正措施，或采取了一定措施，而效果不好，继续作业者。

③ 擅自采用未经认可或批准的材料。

④ 擅自变更设计图纸的要求。

⑤ 擅自将工程转包。

⑥ 严重违反操作规程、规范且屡教不改。

⑦ 其他。

(9) 质量、技术签证。凡质量、技术方面有法律效力的最后签证，必须由项目总监理工程师签署。专业监理工程师可在有关质量、技术方面原始凭证上签署，最后由项目总监理工程师核签后方才有效。

行使好质量否决权，为工程进度款的支付签署质量认证意见。

建立质量监理日志。组织现场质量协调会，协调会后印发会议纪要。定期向总监理工程师、建设单位报告工程质量动态情况。

(10) 工程质量事故处理。工程若发生质量事故(特别是重大质量事故)，施工单位应根据"三不放过"原则认真进行处理。监理部要对事故进行全面的调查，并参加事故原因分析及处理方案讨论，对重大事故应请建设单位、设计单位及质监部门等共同讨论。施工单位要对事故进行调查，并将分析结果及处理意见写出详细的事故报告，并应及时逐级上报；监理部对事故的处理执行情况要加强监督检查，并作验收签证。

(11) 工程验收及质量评估。施工单位在单位工程竣工时，应首先组织本单位有关人员对工程进行自验，经检查合格，方可向监理部申报初验。

监理部在接到施工单位提交的竣工验收申请报告和技术资料后，对工程进行初验，发现有施工漏项、工程质量等问题时，应书面通知施工单位并限定处理时间，处理完毕后监理部进行复验。

当工程完工时，监理应对工程质量作出全面的评估，特别对工程上存在的质量问题以及处理情况，要有详细陈述并有确切结论。工程质量评估报告除送建设单位存查外，还应抄报有关部门供工程质量等级评定时参考。

工程初验复验合格后，监理部协助施工单位向建设单位提出竣工报告，由建设单位组织有关单位和人员正式验收，核定该工程质量等级。

施工单位应设专人负责工程档案的管理工作，并按我省有关文件规定收集、整理工程档案资料。工程开工前施工单位应将本工程的档案全部内容列表报监理单位，经核准后及时积累和整理。工程竣工时施工单位应将完整的工程档案报送建设单位。凡资料不全的工程不得正式验收。

七、协调工作

1. 第一次工地例会

第一次工地会议由建设单位主持，第一次工地会议应使合同的所有基本规则得以确定。

第一次工地会议应由下列人员参加：建设单位有关职能人员，承包单位项目经理及有关职能人员，监理单位项目监理部总监理工程师及全体监理人员。

其会议主要内容有：

(1) 建设单位、承包单位、监理单位分别介绍各自驻现场的组织机构、人员及其分工；

(2) 建设单位根据委托监理合同宣布对总监理工程师的授权；

(3) 建设单位介绍工程开工准备情况，包括开工前的相关手续、资金、施工场地等；

(4) 承包单位介绍施工准备情况，包括人员、机构、材料等；

(5) 建设单位和总监理工程师对施工准备情况提出意见和要求；

(6) 总监理工程师介绍监理规划的主要内容，包括机构设置、质量、进度、投资控制方法；

(7) 研究确定各方在施工过程中参加工地例会的人员，召开工地例会的周期、地点及会议主要议题方案。

第一次工地会议以相互了解、检查各方面准备情况，明确工程监理程序为主要目的。

2. 工地例会

在施工过程中，总监理工程师定期召开工地例会，会议纪要由项目监理部负责起草，经各方代表会签。

会议内容：关于工程近期质量、进度、投资控制情况。

3. 专题会议

合同争议调解。

八、分项工程监理细则

1. 基坑支护与土方

略

2. 土方回填

略

3. 模板工程

略

4. 钢筋工程

略

5. 砼工程

略

6. 装饰装修

(1) 建议天棚装饰，不采用通常的水泥砂浆、混合砂浆粉刷，将结构层清理干净，去除(修补)凸凹不平的混凝土后，直接在结构层批腻子，以排除天棚粉刷层空鼓而导致粉刷层脱落的这一质量事故发生。

(2) 对剪力墙、梁、柱、等砼构件，粉刷层易产生空鼓、开裂等通病，建议施工方在粉刷前用界面剂进行处理。

(3) 装饰、装修时，建议施工方优先使用生产工艺先进、质量稳定的品牌水泥，如海螺牌普通水泥，避免使用复合水泥而产生空鼓、开裂等质量缺陷，砂宜用中粗砂。

(4) 施工时，要求施工方先做样板间，经监理部、业主代表等各方检查确认后，方可进行大面积施工。

(5) 墙面抹灰前，先检查基层表面平整度，弹线找方，设置标志或标筋，清理基层，凿除凸出部分，修补凹隐部分，对墙面上的浮灰夹渣进行清理，对电线槽、接线盒等处事先用1∶3水泥砂浆嵌填，对外墙门窗框与墙面接触处经柔性处理后，用防水嵌缝膏嵌缝，在墙面或粉刷前用1∶3水泥砂浆进行粉刷。护角应在抹大面前做，护角高度不小于2 m，每侧宽度不小于5 cm。

7. 屋面防水

略

九、外墙节能、保温及其他

1. 施工准备阶段的监理工作

(1) 工程监理单位应当对从事建筑节能工程监理的相关从业人员进行建筑节能标准与技术等专业知识的培训。

(2) 监理机构在建筑节能工程施工现场，应备有国家和本市有关建筑节能法规文件以及与本工程相关的建筑节能强制性标准。

(3) 建筑节能工程施工前，施工人员熟悉设计文件，参加施工图会审和设计交底。

① 施工图会审，应审查建筑节能设计图纸是否经过施工图设计审查单位审查合格。未经审查或审查不符合强制性建筑节能标准的施工图不得使用。

② 建筑节能设计交底。项目施工人员应参加由建设单位组织的建筑节能设计技术交底会，总监理工程师应对建筑节能设计技术交底会议纪要进行签认。并对图纸中存在的问题通过建设单位向设计单位提出书面意见和建议。

③ 建筑节能工程施工前，施工单位应将节能施工组织设计及方案报送监理工程师。按照建筑节能强制性标准和设计文件，编制符合建筑节能特点的、具有针对性的施工方案。

2. 建筑节能监理工作的方法及措施

建筑节能工程开工前，总监理工程师应组织专业监理工程师审查承包单位报送的建筑节能专项施工方案和技术措施，提出审查意见。

(1) 监理工程师应按下列要求审核承包单位报送的拟进场的建筑节能工程材料、构配件、设备报审表(包括墙体材料、保温材料、门窗、照明设备等)及其质量证明资料，具体如下：

① 质量证明资料(保温系统和组成材料质保书、说明书、型式检验报告、复验报告，如现场搅拌的粘结胶浆、抹面胶浆等，应提供配合比通知单)是否合格、齐全，是否与设计和产品标准的要求相符。产品说明书和产品标识上注明的性能指标是否符合建筑节能标准。

② 是否使用国家明令禁止、淘汰的材料、构配件、设备。

③ 有无建筑材料备案证明及相应验证要求资料。

④ 按照委托监理合同约定及建筑节能标准有关规定的比例，进行平行检验或见证取样、送样检测。

对未经监理人员验收或验收不合格的建筑节能工程材料、构配件，不得在工程上使用或安装；对国家明令禁止、淘汰的材料、构配件，监理人员不得签认，并应签发监理工程师通知单，书面通知承包单位限期将不合格的建筑节能工程材料、构配件撤出现场。

(2) 当承包单位采用建筑节能新材料、新工艺、新技术、新设备时，应要求承包单位报送相应的施工工艺措施和证明材料，组织专题论证，经审定后予以签认。

(3) 督促检查承包单位按照建筑节能设计文件和施工方案进行施工。

总监理工程师审查建设单位或施工承包单位提出的工程变更，发现有违反建筑节能标准的，应提出书面意见加以制止。

(4) 对建筑节能施工过程进行巡视检查。对建筑节能施工中墙体、屋面等隐蔽工程的隐蔽过程、下道工序施工完成后难以检查的重点部位，进行旁站或现场检查，符合要求予以签认。对未经监理人员验收或验收不合格的工序，监理人员不得签认，承包单位不得进行下一道工序的施工。

(5) 对承包单位报送的建筑节能隐蔽工程、检验批和分项工程质量验评资料进行审核，符合要求后予以签认。对承包单位报送的建筑节能分部工程和单位工程质量验评资料进行审核和现场检查，应审核和检查建筑节能施工质量验评资料是否齐全，符合要求后予以签认。

(6) 对建筑节能施工过程中出现的质量问题，应及时下达监理工程师通知单，要求承包单位整改，并检查整改结果。

3. 外墙外保温工程监理细则

1) 外墙外保温工程质量的事前控制

略

2) 外墙外保温工程质量的事中控制

(1) 墙体外保温工程监理流程：挂控制线—局部修补找平—配制聚合物抹面浆料—贴网格布附加层—抹底层抹面浆料—贴压网格布

(2) 墙体外保温工程监理要点。外墙外保温工程施工前，应装好门窗框或辅框、阳台栏杆和预埋铁件等，外墙外保温工程应在基体或基层的质量检验合格后，方可施工。

(3) 基面处理：墙面的缺损和孔洞应填补密实；墙面上疏松的砂浆应清除；不平的表面应事先抹平；墙外侧管道、线路应拆除，在可能的情况下，宜改为地下管道或暗线；原有窗台宜接出加宽，窗台下宜设滴水槽；脚手架宜采用与墙体分离的双排脚手架。

(4) 基面放线。弹线控制：根据建筑立面设计和外墙外保温技术要求，在墙面弹出外门窗水平、垂直控制线及伸缩缝线、装饰线等。

挂基准线：在建筑外墙大角(阳角、阴角)及其他必要处挂垂直基准钢线，每个楼层适当位置挂水平线，以控制聚苯板的垂直度和平整度。

(5) 配制聚和物砂浆胶粘剂。

(6) 粘贴翻包网格布。

(7) 配制抹面砂浆。按照生产厂提供的配合比配制抹面砂浆，做到计量准确，机械二次搅拌，搅拌均匀。配好的料注意防晒避风，一次配制量应控制在可操作时间内用完，超过可操作时间后不准再度加水(胶)使用。

① 抹底层抹面砂浆：

a. 保温层完成检查验收后进行聚和物砂浆抹灰。抹灰分底层和面层两次。

b. 抹底层抹面砂浆，厚度 2~3 mm。同时将翻包网格布压入砂浆中。

② 贴压网格布：

a. 将网格布绷紧后贴于底层抹面砂浆上，用抹子由中间向四周把网格布压入砂浆的表层，要平整压实，严禁网格布皱褶。网格布不得压入过深，表面必须暴露在底层砂浆之外。

b. 单张网格布长度不宜大于 6 m。铺贴遇有搭接时，必须满足横向 100 mm、纵向 80 mm 的搭接长度要求。

③ 抹面层抹面砂浆。在底层抹面砂浆凝结前再抹一道抹面砂浆罩面，厚度 1~2 mm，仅以覆盖网格布、微见网格布轮廓为宜。面层砂浆切忌不停揉搓，以免形成空鼓。

砂浆抹灰施工间歇应在自然断开处，方便后续施工的搭接，如伸缩缝、阴阳角、挑台等部位。在连续墙面上如需停顿，面层砂浆不应完全覆盖已铺好的网格布，需与网格布、底层砂浆呈台阶形坡茬，留茬间距不小于 150 mm，以免网格布搭接处平整度超出偏差。

④ 特殊部位施工处理。

a. 伸缩缝：分格条应在进行抹灰工序时就放入，待砂浆初凝后起出，修整缝边。缝内填塞发泡聚乙稀圆棒(条)作背衬，直径或宽度为缝宽的 1.3 倍，再分两次勾填建筑密封膏，深度为缝宽的 50%~70%。

b. 加强层做法：考虑首层与其他需加强部位的抗冲击要求，在标准外保温做法基础上加铺一层网格布，并再抹上一道抹面砂浆罩面，以提高抗冲击强度。在这种双层网格布做法中，底层网格布可以是标准网格布，也可以是质量更大、强度更高的增强网格布，以满足设计要求的抗冲击强度为原则。加强部位抹面砂浆总厚度宜为 5～7 mm。

在同一块墙面上，加强层做法与标准层做法间应留设伸缩缝。

c. 装饰线条做法：装饰缝应根据建筑设计立面效果处理成凹型或凸型。凸型称为装饰线，以聚苯板来体现为宜，此处网格布与抹面砂浆不断开。粘贴聚苯板时，先弹线标明装饰线条位置，将加工好的聚苯板线条粘于相应位置。线条突出墙面超过 100 mm 时，需加设机械固定件。线条表面按普通外保温做法处理。

凹型为装饰缝，用专用工具在聚苯板上刨出凹槽再抹防护层砂浆。参见附录 A 装饰线条做法。

d. 外饰面涂料做法：待抹灰基面达到涂料施工要求时可进行涂料施工，施工方法与普通墙面涂料工艺相同。一般宜使用配套的专用涂料或其他与外保温系统相容的涂料。

3) 外墙外保温工程质量的事后控制

(1) 破损部位修补。因工序穿插，操作失误或使用不当致使外保温系统出现破损的，按如下程序进行修补：

① 用锋利的刀具剜除破损处，剜除面积略大于破损面积，形状大致整齐。注意防止破坏周围的抹面砂浆、网格布和聚苯板。清除干净残余的胶粘剂和保温砂浆碎粒。

② 仔细把破损部位四周约 100 mm 宽度范围内的涂料和面层抹灰砂浆磨掉。注意不要伤及网格布，不得破坏底层抹面砂浆。如果不小心切断了网格布，打磨面积应继续向外扩展。如造成底层抹面砂浆破碎，应抠出碎块。

③ 在修补部位四周贴不干胶纸带，以防造成污染。

④ 用抹面砂浆补齐破损部位的底层抹面砂浆，用湿毛刷清理不整齐的边缘。对没有新抹砂浆的修补部位作界面处理。

⑤ 剪一块面积略小于修补部位的网格布(玻纤方向横平竖直)，绷紧后紧密粘贴到修补部位上，确保与原网格布的搭接宽度不小于 80 mm。

⑥ 从修补部位中心向四周抹面层抹面砂浆，做到与周围面层顺平。防止网格布移位、皱褶。用湿毛刷修整周边不规则处。

⑦ 待抹面砂浆干燥后，在修补部位补做外饰面，其纹路、色泽尽量与周围饰面一致。

⑧ 待外饰面干燥后，撕去不干胶纸带。

⑨ 铺贴网格布应压于胶结层内，表面防裂砂浆应 100%满刮网格布，但厚度严禁过厚，以隐显网格为准，最大限度发挥网格布抵抗因温度而产生的应力，如防裂砂浆过厚，网格布不能很好发挥作用，易造成面层裂缝。

⑩ 胶粉 EPS 颗粒保温浆料外墙外保温系统的保温层硬化后，应现场取样做胶粉 EPS 颗粒保温浆料干密度检验。干密度不应大于 250 kg/m³，并且不应小于 180 kg/m³。现场检验保温层厚度应符合设计要求，不得有负偏差。

(2) 中间验收。

① 外墙外保温工程应在保温砂浆完成后进行隐检，抹灰完成后进行验收。外墙外保温工程的检验批和检查数量应符合下列规定：以每 500～1000 m² 划分为一个检验批，不足 500 m² 也应划分为一个检验批；每个检验批每 100 m² 应至少抽查一处，每处不得小于 10 m²。

② 抹面砂浆与保温砂浆必须黏结牢固，无脱层、空鼓。网格布不得外露。检验方法为观察，用小锤轻击检查，检查施工记录。

③ 抹灰面层无爆灰和裂缝等缺陷，其外观应表面洁净，接槎平整。检验方法为观察，手摸检查。

④ 保温面层的允许偏差，应符合规定。

(3) 竣工验收。

① 竣工验收应由建设单位负责组织施工、监理、设计等单位验收。验收合格后应办理竣工验收手续，并做好记录、签署文件、立卷归档。

② 工程竣工验收中。若由于施工质量需要返工时，各方应确定部位、处理方法及期限，并由施工单位按要求返工。复验合格后，再签发竣工验收合格文件。

③ 外墙外保温工程的施工质量保修期为 1 年。在保修期内，施工单位应履行保修职责。

(4) 资料整理。

① 外墙外保温工程验收时应检查下列文件和记录：外墙外保温工程的施工图、设计说明及其他设计文件，外墙外保温工程所用材料的产品合格证书、盖有 CAL 和 CMA 章的法定检测部门出具的检测报告、进场验收记录，变更设计的证明文件和隐蔽工程验收记录。

② 施工单位向监理报验表：外墙外保温工程主要设备、材料证明文件汇总表，外墙外保温检验批、分项工程、隐蔽工程验收记录，施工现场质量管理检查记录。

③ 保温墙体面层裂纹的防治：外保温墙体产生裂缝的主要原因有以下几点：

a. 保温层和饰面层温差和干缩变形导致的裂缝。

b. 玻纤网格布抗拉强度不够或玻纤网格布耐碱度保持率低导致的裂缝。

c. 玻纤网格布所处的构造位置有误造成的裂缝。

d. 保温面层腻子强度过高。

e. 聚合物水泥砂浆柔性强度不相适应。

f. 腻子、涂料选用不当。

针对上述问题，应当选用符合要求的材料，在施工过程中，安排专人对关键部位和关键工序进行验收，并遵循"柔性渐变抗裂技术"路线，即保温体系各构造层的柔韧变形量高于内层的变形量，其弹性模量变化指标相匹配，逐层渐变，满足允许变形与限制变形相统一的原则，随时分解和消除温度应力。

4. 屋面保温工程

略

5. 外门窗工程

(1) 进场门窗应具有出厂质量合格证明文件，并应根据要求进行见证取样复试，外门传热系数检测按《建筑外门保温性能分级及其检测方法》(GB/T 16729)执行，外窗传热系数检测按《建筑外窗保温性能分级检测方法》(GB/T 8404)执行，外门窗系数检测结果必须小于或等于设计要求。

(2) 配件齐全，符合要求的封样及书面安装方案。

(3) 附框要有可靠的强度和保温性能。

(4) 金属复合门窗框、扇中应有合理的断热材料(金属框材料不应贯通)。

(5) 中空玻璃要符合《中空玻璃 GB 11944》要求。

(6) 玻璃安装材料符合国家现行标准的确定。

(7) 门窗洞口应预留保温厚度尺寸，并满足门窗规格的要求。

(8) 门窗的安装应符合相关的要求。

(9) 门窗框安装完毕，应清除缝隙杂物，隐蔽工程验收合格后，填充聚氨脂发泡剂，且聚氨脂发泡剂的性能指标应符合相关标准的要求。

(10) 推拉窗在窗框安装固定后将配好玻璃的窗扇整体安装入框内滑边，调整好框与扇的缝隙。

(11) 门安装固定时，应先调整框与扇的缝隙，再调整玻璃的位置，最后镶嵌密封条，填嵌密封胶。

(12) 楼梯间保温施工必须符合设计要求。

十、安全措施

1. 安全与文明施工控制

1) 安全控制的依据

(1)《建筑法》、《安全生产法》、《建设工程安全生产管理条例》、《安全生产许可证条例》等法律、法规和工程建设强制性标准。

(2) 建筑施工安全检查标准、施工现场临时用电、扣件式钢管脚手、高处作业、物料提升机(龙门架、井字架)等安全技术规范及建筑工程预防高处坠落事故，坍塌事故的若干规定。

(3) 已批准的《监理规划》。

(4) 施工组织设计中安全技术措施、安全方案或安全施工组织设计。

2) 安全监控的目标

督促承包单位贯彻"安全第一、预防为主"的方针，建立健全安全生产责任制和安全生产组织保证体系，确保安全生产无事故，力争创市安全文明施工工地目标。

3) 安全监理的具体工作

(1) 严格执行《建设工程安全生产管理条例》，贯彻执行国家现行的安全生产的法律、法规、建设行政主管部门的安全生产的规章制度和建设工程强制性标准；

(2) 督促施工单位落实安全生产的组织保证体系，坚持安全第一，预防为主，建立健全安全生产的责任制。制定完备的安全生产规章制度，群防群治制度和操作规程；

(3) 检查施工单位是否按要求设置安全生产管理机构，配备专职安全生产管理人员；

(4) 检查施工单位安全投入是否符合安全生产要求，是否依法参加工伤保险，为从业人员缴纳保险费；

(5) 检查施工单位从业人员是否经劳动安全生产教育和培训合格，未经安全生产教育培训人员不得上岗作业，特殊作业人员需经有关业务主管部门考核合格，取得特种作业操作资格证书；

(6) 检查施工单位主要安全负责人和安全生产管理人员是否经考核合格，督促施工单位在施工前对全体施工人员进行一次安全生产与文明施工岗前教育和书面技术交底及分部、分项工程的安全技术交底；

(7) 审核施工单位施工组织设计中的安全技术措施、安全施工方案或安全施工组织设计是否针对建筑工程特点制定相应的安全技术措施，是否符合工程建设强制性标准和安全设计要求；

(8) 检查施工方施工现场采取的维护安全、防范危险、预防火灾等措施，施工现场对毗邻建筑物、构筑物和特殊作业环境可能造成损害时，所采取的安全防护措施，分部、分项工程或各工序的安全防护措施；对作业场所和安全设施、设备、工艺应符合有关安全生产法律、法规标准和规程的要求；

(9) 检查施工单位对有害职业的防治措施，并为从业人员配备符合国家标准或者行业标准的劳动防护用品；

(10) 检查施工现场的各种粉尘、废气、废水、固体废物以及噪声，振动时对环境的污染和危害所采取的措施；

(11) 检查现场用电是否符合"三级配电两级保护"和"一机一闸一漏一箱"的要求，施工用的电缆、水泵线严禁随意拖地、碾压和磨损；

(12) 督促施工单位施工期间对施工及所用的机械、器具经常检查维修以防伤人和损坏；

(13) 检查施工现场是否整洁有序、材料进场堆放整齐，并做标识；

(14) 督促施工单位依法进行安全评价；

(15) 检查施工单位对有重大危险源检测、评估、监控措施和应急预案；

(16) 检查施工单位是否有生产安全事故应急救缓预案，应急救援组织或者应急救援人员，配备必要的应急救援器材、设备；

(17) 监督检查施工现场的消防工作、文明施工、卫生防疫等各项工作；

(18) 检查施工单位的各项措施是否符合设计要求，建筑安全规程和技术规范，能否足够保证工程的安全性能；

(19) 监理工程师在实施监理过程中，按要求进行质量安全综合检查，发现违章冒险作业的要责令其停止作业，发现存在安全事故隐患的应当要求施工单位整改；情况严重的，应当要求施工单位暂时停止施工并及时报告建设单位，施工单位拒不整改或者不停止施工的，应当及时向有关主管部门报告；施工中若发生安全事故，监理工程师应督促施工单位采取紧急措施减少人员伤亡和事故损失，并及时报告上级有关部门。

4) 施工阶段安全监理程序

① 审查施工单位的有关安全生产的文件：《营业执照》，《施工许可证》，《安全资质证书》，《建筑施工安全监督书》以及安全生产管理机构的设置及安全专业人员的配备等；安全生产责任制及管理体系，安全生产规章制度，特种作业人员的上岗证及管理情况，各工种的安全生产操作规程，主要施工机械、设备的技术性能及安全条件。

② 审核施工单位的安全资质和证明文件(总包单位要统一管理分包单位的安全生产工作)。

③ 审查施工单位的施工组织设计中的安全技术措施或者专项施工方案：审核施工组织设计中安全技术措施的编写、审批；审核施工组织设计中安全技术措施或专项施工方案是否符合工程建设强制性标准。

高处作业：a. 作业的防护措施是否齐全完整；b. 洞口作业的防护措施是否齐全完整；c. 悬空作业的安全防护措施是否齐全完整。

交叉作业：a. 交叉作业时的安全防护措施是否齐全完整；b. 安全防护棚的设置是否满

足安全的要求；c. 安全防护棚的搭设方案是否完整齐全。

临时用电：略

安全文明管理：检查现场挂牌制度、封闭管理制度、现场围挡措施、总平面布置、现场宿舍、生活设施、保健急救、垃圾污水、防火、宣传等安全文明施工措施是否符合安全文明施工的要求。

④ 审核安全管理体系和安全专业管理人员资格。

⑤ 审核新工艺、新技术、新材料、新结构的使用安全技术方案及安全措施。

⑥ 审核安全设施和施工机械、设备的安全控制措施：施工单位应提供安全设施的产地、厂址以及出厂合格证书。

⑦ 严格依照法律、法规和工程建设强制性标准实施监理。

⑧ 现场监督与检查，发现安全事故隐患时及时下达监理通知，要求施工单位整改或暂停施工：

a. 日常现场跟踪监理，根据工程进展情况，监理人员对各工序安全情况进行跟踪监督、现场检查，验证施工人员是否按照安全技术防范措施和操作规程操作施工，发现安全隐患，及时下达监理通知，责令施工企业整改。

b. 每日将安全检查情况记录在《监理日记》。

c. 及时与建设行政主管部门进行沟通，汇报施工现场安全情况，必要时，以书面形式汇报，并作好汇报记录。

d. 施工单位拒不整改或者不停止施工，及时向建设单位和建设行政主管部门报告。

e. 下列情况，监理人员要直接下达暂停令，并及时向项目总监和建设单位汇报：施工中出现安全异常，经提出后，施工单位未采取改进措施或改进措施不符合要求时；对已发生的工程事故未进行有效处理而继续作业时；安全措施未经自检而擅自使用时；擅自变更设计图纸进行施工时；使用没有合格证明的材料或擅自替换、变更工程材料时；未经安全资质审查的分包单位的施工人员进入施工现场施工时；出现安全事故时。

5) 安全生产监督落实和要点

内　　容	要　　　点
现场安全生产监督	施工组织设计中安全生产内容应全面，具有针对性，突出重点，安全技术要有书面交底，安全标志牌，保持现场道路畅通，材料按施工总平面图分类堆放
三宝及一器使用	指安全帽、安全带和安全网及漏电保护器
四口防护	"楼梯口、电梯口、预留洞口和通道口"
塔吊	塔吊地基及基础、钢丝强度、限位器、指挥系统、沉降观测、安质验收
施工用电	与周围高压线及防护措施、电线乱拉乱接、破皮漏电现象
施工机具	机械防护措施、做到轮有罩、轴有帽、机械操作工持证操作

十一、工程监理工作制度

(1) 监理人员岗位责任制度；

(2) 施工组织设计审核、施工图纸会审及设计交底制度；

(3) 工程原材料、半成品、成品、验收制度；

(4) 隐蔽工程、分部(项)工程质量验收制度；

(5) 技术复核制度；

(6) 设计变更处理制度；

(7) 现场协调会及会议纪要签发制度；

(8) 施工备忘录签发制度；

(9) 施工现场紧急情况处理制度；

(10) 工程款支付签审制度；

(11) 工程索赔签审制度；

(12) 监理工作日志制度；

(13) 工程质量抽检及评估制度；

(14) 工程质量事故处理制度；

(15) 安全生产责任制度；

(16) 监理资料管理制度；

(17) 监理月报、统计制度等；

十二、监理档案及资料

(1) 工程监理合同；

(2) 监理规划；

(3) 施工监理日志；

(4) 与建设、施工、设计单位来往文件；

(5) 停工通知单；

(6) 监理通知单；

(7) 备忘录；

(8) 会议记录或会议纪要；

(9) 监理工作月报；

(10) 工程月报表签认单；

(11) 材料抽检单；

(12) 工程质量抽验单；

(13) 工程质量事故处理记录；

(14) 专题报告；

(15) 工程质量评估报告；

(16) 工程(预)决算审核记录及付款签证记录；

(17) 监理工作总结报告；

(18) 有关经济、技术资料。

监理资料由监理单位负责收集和整理，其中部分资料于工程竣工时交建设单位。

十三、建设单位、施工单位、监理单位三者之间的关系

(1) 建设单位与监理单位关系。建设单位与监理单位之间的关系是平等主体之间的关系，在工程项目建设上是委托与被委托、授权与被授权的关系。建设单位在施工承包合同

中明确授予监理单位责权范围，监理单位依据监理合同中业主授予的权力行使职责，公正独立地开展监理工作。

(2) 建设单位与施工单位之间是工程承包关系。

(3) 监理单位与施工单位之间是监理与被监理的关系。监理单位作为建设单位的代表对施工单位进行全过程的跟踪监理，施工单位必须接受监理单位的监督检查，并为监理单位开展工作提供方便，包括提供监理工作所需的原始记录等技术经济资料。监理单位要为施工单位创造条件，按时按计划做好监理工作。

十四、监理工作开展的程序和职责

(1) 监理部在研究处理重大决策问题和工程技术难题以及协调解决主要的配合关系问题时，还得邀请有关专家及建设单位分管领导参加。

(2) 工程监理部实行由总监理工程师负责制，负责组织实施"质量、进度、投资"三大控制和"合同、信息"管理的监理目标，解决监理工作的技术问题。监理文件由总监签字后生效。总监主持召开监理协调会和每月例会，重大问题提请公司研究决定，有权根据现场施工情况提议调整监理人员，经公司决定后执行。

(3) 现场监理部在总监领导下开展工作，负责施工现场的质量、进度，工程量核算、材料核验、隐蔽工程验收等具体工作。同时做好现场管理，资料整理，信息收集和反馈工作。

(4) 监理工程师在总监授权范围内代其行使职权，承担授权范围内的监理文件的签证。未经总监授权或同意的监理文件的签证视为手续不全，总监有权撤回。

(5) 监理部的往来文件以及施工管理和现场作业的有关技术资料设专人负责管理，确保监理工作的所有文件、签证、资料及时归档，准确齐全。

(6) 由总监定期向建设单位汇报监理工作进展情况和提交监理报告。重大问题邀请建设单位领导参加论证商定，充分征得建设单位对监理工作的支持和配合。现场作业签证，请建设单位的现场代表会签认可，以维护建设单位的合法权益。

中外××××(北京)工程监理咨询有限公司

×××监理部

20××年×月××日

10.3　监理实施细则

1. 监理实施细则

监理实施细则，又简称监理细则，是在监理规划的基础上，由项目监理机构的专业监理工程师针对建设工程中某一专业或某一方面监理工作编写，并经总监理工程师批准实施的操作性文件。监理实施细则应有针对性、切合实际的可行性，要求专业性一定要突出，明显体现监理程序与监理方法，是指导本专业或本子项目具体监理业务的开展。

2. 监理实施细则内容

监理实施细则包括以下内容：

(1) 在施工准备阶段，如何审查承包人的施工技术方案；在各分部工程开工之前，如何对承包人的准备工作做具体地检查及说明检查内容。

(2) 在施工阶段，如何对工程的质量进行控制，明确各质量控制点的位置及对质量控制点检查的方法，对质量通病提出预控措施，提醒承包人如何进行预控。

(3) 指导质量监理的工作内容，如何进行动态控制，做好事前、事中、事后控制工作。

(4) 明确施工质量监理的方法，即检查核实、抽样试验、检测与测量、旁站、工地巡视、签发指令文件的适用范围；对各个阶段及施工中各个环节各道工序进行严格的、系统的、全面的质量监督和管理，保证达到质量监理的目标。

(5) 突出重点，书写如何对工程的难点、重点进行质量控制，如何预防和处理施工中可能出现的异常情况。

(6) 制定质量监理程序(即工作流程)来指导工程的施工和监理，规范承包人的施工活动，统一承包人和监理工程师监督检查和管理的工作步骤。

参 考 文 献

[1] 建设工程监理规范(GB 50319—2000)
[2] 建筑工程施工质量验收统一标准(GB 50300—2001)
[3] 住宅室内装饰装修工程施工规范(GB 5032—7—2001)
[4] 建筑装饰装修工程质量验收规范(GB 50210—2001)
[5] 王立信. 工程质量验收技术一本通. 北京：中国建筑工业出版社，2009
[6] 江正荣. 建筑分项施工工艺标准手册. 北京：中国建筑工业出版社，2009
[7] 丁士昭. 建设工程项目管理. 北京：中国建筑工业出版社，2011
[8] 丁士昭. 建设工程管理与实务. 北京：中国建筑工业出版社，2011
[9] 丁士昭. 建设工程施工管理. 北京：中国建筑工业出版社，2011
[10] 张守平. 工程建设监理. 北京：北京理工大学出版社，2010
[11] 建设工程投资控制. 北京：知识产权出版社，2003
[12] 建设工程合同管理. 北京：知识产权出版社，2003